河北大学校园草木彩色图谱

贺学礼 等 编著

科学出版社

北京

内 容 简 介

本图谱是河北大学校园植物资源的最新研究成果总结，也是第一部全面介绍河北大学校园高等植物资源和生态分布的著作，包括裸子植物和被子植物两大门类 80 科 208 属 252 种 2 亚种 19 变种和 5 变型（包括部分常见栽培种类）。同时，以 650 幅彩色照片展示了主要高等植物类群，便于读者观察和识别。

本图谱是研究河北大学校园植物物种多样性和资源利用的重要文献，可供从事植物、农林、环保、旅游等专业教学、科研、生产和校园规划等方面工作的人员参考。

图书在版编目（CIP）数据

河北大学校园草木彩色图谱/贺学礼等编著. —北京：科学出版社，2022.5

ISBN 978-7-03-072178-5

Ⅰ. ①河… Ⅱ. ①贺… Ⅲ. ①河北大学－植物－图集 Ⅳ. ①Q948.522.23-64

中国版本图书馆 CIP 数据核字（2022）第 073215 号

责任编辑：刘　丹 / 责任校对：王晓茜
责任印制：师艳茹 / 封面设计：迷底书装

科学出版社 出版

北京东黄城根北街 16 号
邮政编码：100717
http://www.sciencep.com

北京九天鸿程印刷有限责任公司 印刷

科学出版社发行 各地新华书店经销

*

2022 年 5 月第 一 版 开本：787×1092 1/16
2022 年 5 月第一次印刷 印张：12 1/2
字数：252 000

定价：168.00 元

（如有印装质量问题，我社负责调换）

编著者名单

贺学礼　李　夏　贺　超　路　斌

韩　丽　左易灵　侯力峰

HEBEI UNIVERSITY
1921
1921 2021
河北大学100周年校庆

前　言

大学校园植物是校园的重要组成部分，它能够美化环境，净化空气，保持水土，改善校园局部气候，为师生提供良好的学习、工作和生活环境，也承载着校园的历史和传统，反映着学校的精神面貌与文化底蕴，是校园环境中最有生命力和感召力的部分。丰富多样的校园植物为学生观察和识别植物提供了空间和素材，在植物科学知识的普及和传播过程中发挥着重要作用，但是有关河北大学校园高等植物资源具体状况及其在环境生态中所起的作用知之甚少。

随着河北大学力争早日建成“特色鲜明、国际知名”的高水平综合性大学工程的实施，河北大学校园无论是在校区布局、建筑面积，还是在人文特征、生物种类等方面都发生了巨大变化，探明校园高等植物资源对提升河北大学文化素养、校园绿化景观和生态环境保护具有重要意义。

2015～2021年，我们组织河北大学植物学科教师和研究生，采用踏查、现场观察和摄像、拍照及采集标本等方法，首次对河北大学各校区高等植物资源和生态分布进行了全面调查和标本整理，并依据《中国植物志》和《河北植物志》，参考 *Flora of China*，按照柯朗奎斯特分类系统对河北大学校园高等植物资源进行整理和分析，以便为校园植物资源保护和利用提供依据。

本图谱突出科学性、系统性和实用性，图文并茂，收录了河北大学校园高等植物80科208属252种2亚种19变种和5变型，其中裸子植物4科8属9种2变种，被子植物76科200属243种2亚种17变种5变型，彩色照片650幅，基本涵盖了河北大学校园常见的高等植物种类。图谱共分四章，第一章和第二章由贺学礼编写；第三章和第四章由李夏、贺超、路斌、韩丽、左易灵和侯力峰共同编写，最后由贺学礼、李夏和贺超统稿。贺超博士现就职于中国医学科学院药用植物研究所，侯力峰博士和博士生路斌现就职于河北农业大学。相信本图谱的出版对于读者现场识别河北大学校园植物资源和校园生态环境建设具有重要促进作用。

特别感谢在本图谱编著过程中，唐宏亮老师，研究生秦乐、杏朝辉、李锡平、闫秀景、张曼、王静茹、杨欣熔、孟德瑶、李敏、李婉云、刘加强、刘燕霞、龙俊萌、任艳芳、魏苗、姚皎洁、胡倩楠等同学对植物标本采集、照片拍摄和资料收集工作做出的贡献。感谢刘文敏老师提供封面照片，同时感谢河北大学生物学基本建设项目（521100302002）经费的支持。

虽然我们在主观上做了很大努力，但由于对河北大学各个校区不同类群植物的研究还不够全面深入，肯定存在不足和遗漏之处，敬请各位专家、同仁和广大读者批评指正。

贺学礼

2021 年 12 月

目　录

第一章 河北大学概况

河北大学是教育部与河北省人民政府“部省合建”高校，河北省重点支持的国家一流大学建设一层次高校。

学校始建于1921年，初名天津工商大学，校址位于天津市马场道141号。建校伊始，学校即以本科建制，大学立名，秉持“育中华有为之青年、办德智并育之大学、促中国之现在化”的办学宗旨，致力于培养工商人才。1933年，学校更名为天津工商学院，“实事求是”校训传统在这一时期得以确立。抗战时期，学校不避灾祸，坚守津门，逆境办学，汇集了一大批名师巨擘，在当时享有“煌煌北国望学府，巍巍工商独称尊”之美誉。其后，学校历经私立津沽大学、国立津沽大学、天津师范学院、天津师范大学不同时期。1960年，河北省委、省政府决定建设一所以省名定名的综合性大学，天津师范大学遂改建为综合性大学并定名河北大学。1970年，河北大学迁址河北省保定市。2005年，河北省职工医学院及其附属医院并入河北大学。学校虽数易校名，几经辗转，但办学历史从未中断，发展成为具有影响力的综合性大学。

学校建设与发展得到河北省委、省政府和教育部等国家部委的大力支持。2002年，成为财政部、教育部重点支持的全国5所高校之一。2005年，成为河北省人民政府与教育部共同建设的省部共建大学。2012年，成为全国14所“中西部高校提升综合实力工程”入选高校之一。2016年，成为国家中西部“一省一校”重点建设大学，同年被河北省列为重点支持的一流大学和一流学科建设高校。2018年，教育部与河北省人民政府签署《关于部省合建河北大学的协议》，跻身国家“部省合建”高校行列。

学校学科门类齐全，分布在哲学、经济学、法学、教育学、文学、历史学、理学、工学、农学、医学、管理学、艺术学12大门类。设有95个本科专业，1个国家重点（培育）学科，17个博士学位授权一级学科，47个硕士学位授权一级学科，33种硕士专业学位授权类别，11个博士后科研流动站，1个博士后科研工作站。化学、材料科学、工程学等3个学科进入ESI世界排名前1%。

学校具备培养学士、硕士和博士的完整教育体系，现有全日制本科生、研究生等各类在籍学生40 000余人，其中，全日制博士、硕士研究生11 000余人，全日制本科生28 000余人。拥有国家级教学团队1个，国家级教学名师2人；国家级一流本科专业建设点24个、一流本科课程13门；国家级课程思政示范课程3门；国家级“新工科”

项目 4 项、“新文科”项目 5 项；实验教学示范中心、特色专业等国家级“质量工程”项目 14 个，专业综合改革试点、卓越人才培养计划等国家级“本科教学工程”项目 12 个，国家级众创空间 2 个；3 个专业通过教育部专业认证。学校建有国家大学生文化素质教育基地、国家专业技术人员继续教育基地、中国延安精神教育基地、国家语言文字推广基地，是全国毕业生就业典型示范高校、全国创新创业典型经验高校、全国首批深化创新创业教育改革示范高校、全国首批“一站式”学生社区综合管理模式建设试点高校。

学校坚持人才强校，实施“坤舆学者”支持计划。现有教职员工 3400 人，其中，专任教师 2080 人，具有博士学位教师达到 60%；拥有两院院士、国家杰青、“万人计划”、国家级教学名师、国家“百千万人才工程”人选、国家有突出贡献中青年专家、国务院特殊津贴专家等国家级优秀人才 37 人，燕赵学者、省管优秀专家等省部级以上高层次人才 204 人。

学校建有国家地方联合工程实验室（中心）3 个，教育部重点实验室 1 个，教育部人文社科重点研究基地 1 个，与企业共建国家重点实验室 1 个，共建研究院 2 个。同时拥有河北省重点实验室（基地）、工程实验室 26 个，河北省人文社科重点研究基地（中心、智库）24 个，河北省“2011”协同创新中心 4 个，省部共建协同创新中心 1 个。

学校坚持教育对外开放，先后与世界上 100 多所高校建立了合作交流关系，设有河北省首个非独立法人中外合作办学机构，以及中外合作办学项目，在南美洲、亚洲、非洲承办了 3 所孔子学院。学校构筑了覆盖学士、硕士、博士的留学生人才培养体系，是“教育部留学出国人员培训与研究中心”试点高校、河北省首家具有接受中国政府奖学金来华留学生资格高校、河北省首个本科学术互认课程（ISEC）项目建设高校，以及入选国务院侨办“华文教育基地”的高校。

河北大学自发轫至今，已走过一百年辉煌历程。一百年来，一代代学者捧土培根、筚路蓝缕，一代代学子努力向学、蔚为国用。诸多著名学者在这里躬耕执教，作育英才，培养 40 多万名优秀人才，为服务国家富强、民族复兴、人民幸福做出了积极贡献。

河北大学生命科学学院拥有生物学博士后科研流动站、生物学一级学科博士点、生态学一级学科硕士点、微生物与生化药学硕士点以及 2 个专业硕士点。学院与中国科学院动物研究所、微生物研究所和军事医学科学院国家蛋白质科学中心联合办学，协同培养本科生和硕士研究生；与河北省科学院生物研究所、华北制药集团等单位建成联合实验室和科研实践基地，并与马来西亚双威大学合作进行研究生交换交流项目。

河北大学植物学科拥有一支由省级教学名师带领的老中青相结合、博士学位全覆盖的一流教师队伍，以及“分子诊断”教育部长江学者创新团队、“逆境菌根生物学”等高水平研究平台和河北省植物学优秀教学团队，为国家和社会培养了 300 余名硕士研究生和博士研究生。

第二章 河北大学自然地理及植物资源

第一节 河北大学自然地理概况

河北省保定市位于太行山东麓、冀中平原西部，地处北纬38°10′～40°00′、东经113°40′～116°20′，保定市中心北距北京140 km，东距天津145 km，西南距石家庄125 km。属于暖温带大陆性季风气候，四季分明，阳光充足，冬季寒冷有雪，夏季炎热干燥，春季多风沙，秋季凉爽舒适，年均降水量550 mm，年均气温12.0 ℃，适合多种植物生长繁殖。保定市位于海河流域大清河水系的中上游，市区位于漕河、界河冲积平原上，直接影响市区的河流分三大系统，北部漕河系统、西部和南部界河—龙泉河—清水河系统、穿城而过的府河系统。流经市区的河流有府河、一亩泉河、侯河、白草沟、护城河、黄花沟、环堤河等。植被种类较多，山地为落叶林、乔木；山麓和山沟以经济林木为主；丘陵和平原主要有用材林和经济林；白洋淀附近主要生长水生沼泽植物。河北大学位于保定市区，现有河大路校区、七一路校区、裕华东路医学部校区等，占地2880亩（1亩≈666.7m^2），建筑面积100万m^2。校园内绿化面积较大，植物丰富，环境优美。植物具有调节碳氧平衡、吸收空气中粉尘及有害气体的作用，对改善周围环境做出了很大贡献。

关于河北大学校园植物资源研究工作仅有2017年周程艳等记录了河北大学校园具有临床应用价值的药用植物56科116属149种，其中裸子植物5科9属14种，被子植物51科107属135种。到目前为止，通过对河北大学各个校区植物资源的考察和标本采集，本图谱共记录高等植物80科208属252种2亚种19变种和5变型，主要包括自然生长的裸子植物和被子植物种类和部分栽培种类。另外，由于少数种类未采集到完整标本或没有清晰的植物自然生长照片，没有收录到本图谱中，有待今后进一步补充完善。

第二节　河北大学校园高等植物科属种统计

河北大学校园高等植物科属种统计见表 2-1～表 2-3。

表 2-1　河北大学校园裸子植物科、属、种统计

科	属数	种数	亚种	变种	变型
苏铁科 Cycadaceae	1	1			
银杏科 Ginkgoaceae	1	1			
柏科 Cupressaceae	3	3		2	
松科 Pinaceae	3	4			
合计	8	9		2	

表 2-2　河北大学校园被子植物科、属、种统计

科	属数	种数	亚种	变种	变型
木兰科 Magnoliaceae	1	3			
三白草科 Saururaceae	1	1			
莲科 Nelumbonaceae	1	1			
睡莲科 Nymphaeaceae	2	3		1	
毛茛科 Ranunculaceae	2	2			
芍药科 Paeoniaceae	1	2			
小檗科 Berberidaceae	1			1	
罂粟科 Papaveraceae	2	2			
悬铃木科 Platanaceae	1	1			
杜仲科 Eucommiaceae	1	1			
榆科 Ulmaceae	1	2		1	
桑科 Moraceae	4	5			
荨麻科 Urticaceae	1	1			
胡桃科 Juglandaceae	2	2			
商陆科 Phytolaccaceae	1	1			
藜科 Chenopodiaceae	2	3		1	
苋科 Amaranthaceae	1	4			
马齿苋科 Portulacaceae	1	1			
石竹科 Caryophyllaceae	4	4			

续表

科	属数	种数	亚种	变种	变型
蓼科 Polygonaceae	2	2		1	
梧桐科 Sterculiaceae	1	1			
锦葵科 Malvaceae	4	4			
堇菜科 Violaceae	1	2			
柽柳科 Tamaricaceae	1	1			
葫芦科 Cucurbitaceae	4	4			
杨柳科 Salicaceae	2	2			
十字花科 Brassicaceae	7	7			
柿科 Ebenaceae	1	2			
景天科 Crassulaceae	1	1			
蔷薇科 Rosaceae	14	20		6	3
豆科 Leguminosae	13	14			1
千屈菜科 Lythraceae	2	2			1
石榴科 Punicaceae	1	1			
山茱萸科 Cornaceae	1	1			
卫矛科 Celastraceae	1	3			
黄杨科 Buxaceae	1	1		1	
大戟科 Euphorbiaceae	2	3			
鼠李科 Rhamnaceae	1	1		1	
葡萄科 Vitaceae	2	2			
无患子科 Sapindaceae	1	1			
七叶树科 Hippocastanaceae	1	1			
槭树科 Aceraceae	1	1	1		
漆树科 Anacardiaceae	2	2			
苦木科 Simaroubaceae	1	1			
蒺藜科 Zygophyllaceae	1	1			
酢浆草科 Oxalidaceae	1	1			
牻牛儿苗科 Geraniaceae	1	1			
凤仙花科 Balsaminaceae	1	1			
伞形科 Umbelliferae	3	3			
夹竹桃科 Apocynaceae	1	1			
萝藦科 Asclepiadaceae	2	3			
旋花科 Convolvulaceae	5	6			

续表

科	属数	种数	亚种	变种	变型
茄科 Solanaceae	4	4			
紫草科 Boraginaceae	2	2			
马鞭草科 Verbenaceae	3	2		1	
唇形科 Labiatae	9	11			
车前科 Plantaginaceae	1	2			
木犀科 Oleaceae	5	8		1	
玄参科 Scrophulariaceae	3	3			
紫葳科 Bignoniaceae	2	2			
桔梗科 Campanulaceae	1	1			
茜草科 Rubiaceae	1	1			
忍冬科 Caprifoliaceae	2	3			
菊科 Compositae	24	36			
泽泻科 Alismataceae	1			1	
眼子菜科 Potamogetonaceae	1	1			
天南星科 Araceae	1	1			
浮萍科 Lemnaceae	1	1			
鸭跖草科 Commelinaceae	1	2			
莎草科 Cyperaceae	3	4	1		
禾本科 Poaceae	15	15			
香蒲科 Typhaceae	1	1			
美人蕉科 Cannaceae	1	1			
百合科 Liliaceae	3	4			
鸢尾科 Iridaceae	1	1		1	
龙舌兰科 Agavaceae	1	1			
合计	200	243	2	17	5

表 2-3 河北大学校园高等植物科、属、种统计

门	科数	属数	种数	亚种	变种	变型
裸子植物门 Gymnospermae	4	8	9		2	
被子植物门 Angiospermae	76	200	243	2	17	5
合计	80	208	252	2	19	5

第三章 裸子植物门

Gymnospermae

裸子植物（gymnosperm）是介于蕨类植物和被子植物之间的一类维管植物。因其种子外面没有果皮包被，是裸露的，故称为裸子植物。与蕨类植物相比，裸子植物有如下主要特征。

（1）孢子体发达。裸子植物均为多年生木本，多数为单轴分枝的高大乔木。维管系统发达，具形成层和次生生长；木质部大多数只有管胞而无导管，韧皮部有筛胞而无筛管和伴胞。叶多为针形、条形或鳞形，极少数为扁平的阔叶；叶表皮有厚的角质层，气孔下陷，排列成浅色气孔带，更加适应陆地生活。

（2）形成球花。裸子植物孢子叶多聚生成球果状，称为孢子叶球或球花。小孢子叶球称为雄球花，由小孢子叶聚生而成，每个小孢子叶下面生有小孢子囊，囊内有许多小孢子母细胞，经减数分裂产生小孢子，再由小孢子发育成雄配子体。大孢子叶球又称雌球花，由大孢子叶丛生或聚生而成；大孢子叶变态为羽状大孢子叶（苏铁纲）、珠领（银杏纲）、珠鳞（松柏纲）、珠托（红豆杉纲）和套被（松杉纲罗汉松）。

（3）具裸露的胚珠，形成种子。裸子植物大孢子叶腹面生有胚珠，胚珠裸露，不为大孢子叶所包被；胚珠成熟后形成种子。种子的出现使胚受到保护，保障了营养物质供给，可使植物渡过不良环境。

（4）形成花粉管，受精作用不再受水的限制。裸子植物雄配子体（花粉粒）在珠心上方萌发，形成花粉管，进入胚囊，将两个精子直接送入颈卵器。一个具功能的精子使卵受精，另一个被消化。裸子植物的受精作用不再受水的限制，能更好地在陆生环境中繁衍后代。

（5）配子体十分简化，不能脱离孢子体而独立生活。裸子植物的小孢子（单核花粉粒）在小孢子囊（花粉囊）里发育成仅由 4 个细胞组成的雄配子体（成熟的花粉粒）。单核花粉粒被风吹送到胚珠上，经珠孔直接进入珠被，在珠心（大孢子囊）上方萌发形成花粉管，吸取珠心营养，继续发育为成熟雄配子体。即雄配子体前一时期寄生在花粉囊里，后一时期寄生在胚珠中，不能独立生活。大孢子囊（珠心）里产生的大孢子（单核胚囊），在珠心里发育成雌配子体（成熟胚囊）。成熟雌配子体由数千个细胞组成，近珠孔端产生 2～7 个颈部露在胚囊外面的颈卵器。颈卵器内无颈沟细胞，仅有 1 个卵细胞和 1 个腹沟细胞。雌配子体（胚囊）寄生在孢子体上，不能独立生活。

（6）具多胚现象。多数裸子植物具有多胚现象。由 1 个雌配子体上的几个颈卵器中的卵细胞同时受精，各自发育成 1 个胚而形成多个胚的情况，称为简单多胚现象；由 1 个受精卵形成的胚原细胞在发育过程中分裂为几个胚的情况，称为裂生多胚现象。

裸子植物的繁盛期为中生代，后因地史变迁，很多植物已绝迹。现代生存的裸子植物有700余种，我国有12科42属245种，河北大学校园常见栽培4科8属9种2变种。

裸子植物是组成地面森林的主要成分，它们材质优良，为林业生产上的主要用材树种。我国应用在建筑、枕木、造船、制纸、家具上的木材多数为松柏类，如东北的红松（*Pinus koraiensis*）、南方的杉木（*Cunninghamia lanceolata*）；其副产品，如松节油、松香、单宁、树脂等都有重要用途。部分裸子植物的种子可供食用，如银杏（*Ginkgo biloba*）、华山松（*Pinus armandii*）、香榧（*Torreya grandis* cv. Merrillii）等的种子。草麻黄（*Ephedra sinica*）是著名药材。很多裸子植物是优美的常绿树种，在美化庭院、绿化环境上有很大价值，如雪松（*Cedrus deodara*）、金钱松（*Pseudolarix amabilis*）、油松（*Pinus tabuliformis*）、白皮松（*Pinus bungeana*）等。其中，雪松是世界五大园林观赏树种之一，而金钱松的叶入秋后变为金黄色，也是美化庭院的观赏树种。我国特产的水杉（*Metasequoia glyptostroboides*）、水松（*Glyptostrobus pensilis*）、银杏等，都是地史上遗留的古老植物，被称为活化石，在研究地史和植物界演化上有重要意义。

一、苏铁科 Cycadaceae

苏铁 *Cycas revoluta* Thunb.

苏铁属

乔木，树干高约 2m，茎干圆柱状。叶一回羽裂，羽片呈“V”形伸展。小孢子叶球卵状圆柱形，小孢子叶窄楔形，先端圆状截形，具短尖头；大孢子密被灰黄色绒毛，不育顶片卵形或窄卵形，边缘深裂，裂片钻状。种子 2～5，橘红色，倒卵状或长圆状，明显压扁，疏被绒毛，两侧不具槽。花期 6～7 月，种子 10 月成熟。在七一路校区偶有盆栽。产于福建、台湾、广东，现各地常有栽培。苏铁为优美的观赏树种；茎内含淀粉，可供食用；种子含油和丰富的淀粉，微有毒，可供食用和药用。

二、银杏科 Ginkgoaceae

银杏 *Ginkgo biloba* L.

银杏属

落叶乔木。叶扇形，顶端2裂，有多数叉状平行细脉；叶在长枝上螺旋状散生，在短枝上呈簇生状，落叶前变为黄色。球花单性，雌雄异株；雄球花呈柔荑花序状，雌球花梗端常分2叉，每叉顶有一裸生胚珠。种子核果状，具长梗，外种皮肉质，中种皮白色，骨质。花期4～5月，种子9～10月成熟。各校区均有栽培。我国特产，是中生代子遗稀有树种。银杏树形优美，叶形奇特，春夏叶色嫩绿，秋叶变成黄色，常用于园林绿化；种子可供药用。

三、柏科 Cupressaceae

01 侧柏 ***Platycladus orientalis*** **(L.) Franco**

侧柏属

常绿乔木，树皮条片状剥落。叶紧贴枝上，中间鳞叶比两侧的大，尖头下有腺点。雄球花黄色，雌球花近球形，蓝绿色，被白粉。球果成熟后木质化，开裂，红褐色。花期3～4月，种子10月成熟。校园行道、绿地周围等区域栽培。我国特产，分布北自内蒙古、吉林、辽宁等地，南到两广，西到西藏。侧柏为北方石灰岩山地重要造林树种和四旁绿化树种；木材可供建筑和家具等用材；叶和枝入药，可收敛止血、利尿健胃、解毒散瘀。

02 刺柏 *Juniperus formosana* Hayata

刺柏属

常绿乔木。树皮褐色，纵裂成长条薄片脱落。枝条斜展或直展，树冠塔形或圆柱形。叶三叶轮生，条状披针形或条状刺形。雄球花圆球形或椭圆形。球果近球形，熟时淡红褐色，被白粉或白粉脱落，间或顶部微张开。花期 4 月，球果两年成熟。在校园绿化带、花园等区域栽培。我国特产，刺柏小枝下垂，树形美观，在各大城市多栽培作庭园树，也可作水土保持的造林树种。

03 圆柏 *Sabina chinensis* (L.) Ant.

圆柏属

常绿乔木。树皮深灰色，纵裂，呈条片开裂。幼树枝条常斜上伸展，老树则下部大枝平展，形成广圆形树冠。叶二型，刺叶及鳞叶；刺叶生于幼树之上，老龄树则全为鳞叶。雌雄异株，稀同株，雄球花黄色，椭圆形。球果近圆球形，扁，顶端钝。球果两年成熟。在校园宿舍区及食堂旁、行道旁、花园、绿地等多有栽培。北自内蒙古及沈阳以南，南至两广北部，东自滨海省市，西至四川、云南均有分布。圆柏在庭园中用途极广，可作绿篱、行道树，亦可作桩景、盆景材料；还可作房屋建筑、家具、文具及工艺品等用材。

04 龙柏 *Sabina chinensis* cv. ‘Kaizuca’

圆柏属

圆柏的栽培变种，树冠圆柱状或柱状塔形。枝条向上直展，常有扭转上升之势，小枝密、在枝端呈几相等长之密簇。鳞叶排列紧密，幼嫩时淡黄绿色，后呈翠绿色。球果蓝色，微被白粉，两年成熟。在校园绿地或花园内均有栽培。全国各地多有栽培。龙柏常用于园林绿化，如街道绿化、小区绿化、公路绿化等。

05 偃柏 *Sabina chinensis* (L.) Ant. var. *sargentii* A. Henry

圆柏属

圆柏的变种，匍匐灌木。小枝上升呈密丛状。刺叶通常交叉轮生，排列较紧密，微斜展；叶片条状披针形，先端渐尖成角质锐尖头，上面凹，绿色中脉仅下部明显，下面凸起，蓝绿色，沿中脉有细纵槽。球果带蓝色，两年成熟。见于河大路校区、七一路校区绿地或花园内。产于我国东北张广才岭，现各地多有栽培。偃柏主要用于地被栽植，可在沿海、河岸、斜坡等处栽植，防止水土流失，也是优良的园林绿地植物。

四、松科 Pinaceae

01 雪松 *Cedrus deodara* (Roxb. ex D. Don) G. Don

雪松属

常绿乔木。树皮深灰色，裂成不规则鳞状片。叶在长枝上辐射伸展，短枝上叶呈簇生状；叶针形，腹面两侧

各有2～3条气孔线，背面4～6条。球果熟时红褐色；种子近三角状，种翅宽大。花期10～11月，球果翌年10月成熟。见于各个校区门前、楼前等行道旁或花坛内栽培。全国各地均有栽培。木材纹理通直，坚实致密，可作建筑、桥梁、造船、家具等用材；树形美观，栽培作庭院观赏树木。

02 青扦 *Picea wilsonii* Mast.

云杉属

常绿乔木，树皮暗灰色，不规则鳞片状剥落；树冠塔形，大枝平展。一年生枝黄灰色，二年生枝、三年生枝灰色或褐灰色；小枝基部宿存芽鳞的先端紧贴小枝。叶排列较密，四棱状条形，四面各有气孔线4～6条，枝上呈螺旋状排列。球果卵状圆柱形，成熟后黄褐色；中部种鳞倒卵形，先端圆，基部宽楔形。种子倒卵圆形，淡褐色。花期4月，10月球果成熟。见于河大路校区主楼旁花园、校园绿地等区域。分布于我国内蒙古、河北、山西、甘肃、山东等地。我国特有树种，木材可供建筑、桥梁等用材；树姿优美，可作庭院观赏。

03 白皮松 *Pinus bungeana* Zucc. ex Endl.

松属

常绿乔木，幼树树皮灰绿色，光滑，老树树皮呈不规则片状脱落，形成白褐相间的斑鳞状。针叶 3 针一束，两面均有气孔线，雌雄同株异花。球果圆卵形，种鳞边缘肥厚，鳞盾近菱形，横脊显著，鳞脐平，脐上具三角形刺状短尖；种子卵圆形。花期 4～5 月，球果翌年 10～11 月成熟。见于河大路校区主楼西侧、南院操场旁等区域栽培。我国特有树种，全国各地均有栽培。白皮松可供建筑、家具、文具等用材；种子可食；树姿优美，为优良绿化树种。

04 油松 *Pinus tabuliformis* Carriere

松属

常绿乔木，树皮呈不规则鳞状块片。针叶 2 针一束，两面具气孔线。球果圆卵形，常宿存数年；鳞盾肥厚，扁菱形，鳞脊凸起有尖刺；种子淡褐色有斑纹。花期 4～5 月，果期翌年 10 月。常见各校区行道旁等区域栽培。我国特有树种，分布于我国东北、西北和西南等地区。材质坚硬、纹理直，可供建筑、电杆、矿柱、造船、家具及木纤维工业原料等用材；树干可割取油脂，提取松节油；树皮可提取栲胶；松节、针叶、花粉均可供药用。

第四章 被子植物门

Angiospermae

被子植物（angiosperm）是植物界中适应陆生生活的最高级、多样性最丰富的类群。全世界的被子植物有 25 万多种；我国有 3100 多属，约 3 万种，河北大学校园常见被子植物有 76 科 200 属 243 种 2 亚种 17 变种 5 变型。被子植物之所以能够如此繁盛，与其独特的形态结构特征密不可分。

（1）孢子体更加发达完善。在外部形态、内部解剖结构、生活型等方面，被子植物的孢子体比其他植物类群更加完善和多样化。外部形态上，被子植物多具有合轴式分枝和阔叶，光合作用效率大为提高；内部解剖结构上，被子植物木质部中有导管和管胞，韧皮部中有筛管和伴胞，输导作用更强；生活型上，被子植物有水生、石生、土生等，有自养种类，也有腐生和寄生植物；有乔木、灌木和藤本植物，也有一年生、二年生和多年生草本植物。

（2）产生了真正的花。典型被子植物的花一般由花柄、花托、花被、雄蕊群和雌蕊群五部分组成。花被的出现提高了传粉效率，也为异花传粉创造了条件。在长期自然选择过程中，被子植物花的各个部分不断演化，以适应虫媒、风媒、鸟媒和水媒等各种类型的传粉机制。

（3）形成了果实。雌蕊中的子房受精后发育为果实，子房内的胚珠发育为种子；种子包裹在果皮里面，使下一代植物体的生长和发育得到了更可靠的保证，同时还有助于种子传播。

（4）具双受精现象。花粉粒中的两个精子进入胚囊后，一个与卵细胞结合形成合子，将来发育成胚，另一个与中央细胞中的两个极核结合形成受精极核，进一步发育成胚乳。被子植物的双受精现象，使胚获得了具双亲遗传性的养料，增强了生活力。

（5）配子体进一步退化。配子体达到最简单程度，成熟胚囊即其雌配子体，一般只有 7 个细胞 8 个核，即 3 个反足细胞、2 个助细胞、1 个卵细胞和 1 个中央细胞（内含 2 个极核），没有颈卵器；2 核或 3 核成熟花粉粒即其雄配子体，其中，2 核花粉粒由 1 个营养细胞和 1 个生殖细胞组成，3 核花粉粒由 1 个营养细胞和 2 个精子组成。

被子植物的上述特征，使它具备了在生存竞争中优越于其他各类植物的内部条件。

在植物进化史上，被子植物产生后，自然界才变得郁郁葱葱，绚丽多彩，生机盎然。被子植物的出现和发展，不仅大大改变了植物界的面貌，而且促进了动物，特别是以被子植物为食的昆虫和相关哺乳动物的发展，使整个生物界发生了巨大变化。

第一节 双子叶植物纲 Dicotyledoneae

被子植物分为两个纲——双子叶植物纲（木兰纲）和单子叶植物纲（百合纲）。双子叶植物纲植物胚具有2片子叶；主根发达，多为直根系；茎内为无限维管束，环状，有形成层和次生组织；叶除少数外，均为网状脉；花部通常4～5基数；花粉多具3个萌发孔。

一、木兰科 Magnoliaceae

01 玉兰 *Magnolia denudata* Desr.

玉兰属

落叶乔木。叶倒卵形、宽倒卵形或倒卵状椭圆形，叶表深绿色，背面淡绿色。花蕾卵圆形，花先叶开放，直立，芳香；花梗显著膨大，密被淡黄色长绢毛；花被片9，白色，基部常带粉红色，近相似，长圆

状倒卵形；雄蕊、雌蕊多数。聚合果圆柱形，褐色，具白色皮孔；种子心形，外种皮红色，内种皮黑色。花期 2～3 月，果期 8～9 月。见于校园行道或花园内栽培。中国著名花木，全国各大城市园林广泛栽培，早春重要观花树木。玉兰花外形极像莲花，盛开时，花瓣展向四方，白光耀眼，为美化庭院的理想花木。

02 二乔玉兰 ***Magnolia* × *soulangeana* (Soul.-Bod.) D. L. Fu**

玉兰属

落叶小乔木，小枝无毛。叶纸质，倒卵形，先端短急尖，上面基部中脉常残留有毛，背面稍被柔毛，侧脉每边 7～9，干时两面网脉凸起；叶柄被柔毛。花蕾卵圆形，花先叶开放，浅红色至深红色；花被片 6～9，外轮 3 片花被片常较短，约为内轮花被片长的 2/3；雄蕊侧向开裂，药隔伸出成短尖；雌蕊群无毛，圆柱形。聚合果；蓇葖卵圆形或倒卵圆形，熟时黑色，具白色皮孔；种子深褐色，宽倒卵圆形或倒卵圆形，侧扁。花期 2～3 月，果期 9～10 月。见于校园花园内栽培。本种是玉兰与紫玉兰的杂交种，杭州、广州、昆明等地有栽培，花被片大小、形状不等，紫色或有时近白色，芳香或无芳香，是著名观赏树木。

03 紫玉兰 *Magnolia liliiflora* Desr.

玉兰属

落叶灌木，常丛生，树皮灰褐色，小枝绿紫色或淡褐紫色。叶椭圆状倒卵形或倒卵形，先端急尖或渐尖，基部渐狭沿叶柄下延至托叶痕，上面深绿色，幼嫩时疏生短柔毛，背面灰绿色，沿脉有短柔毛；侧脉每边 8～10，托叶痕约为叶柄长之半。花蕾卵圆形，被淡黄色绢毛；花叶同时开放，瓶形，直立于粗壮、被毛花梗上，稍有香气；花被片 9～12，外轮 3 片萼片状，紫绿色，披针形，常早落，内两轮肉质，外面紫色或紫红色，内面带白色，花瓣状，椭圆状倒卵形；雄蕊紫红色；雌蕊群淡紫色，无毛。聚合果深紫褐色，圆柱形；成熟蓇葖果近圆球形。花期 3～4 月，果期 8～9 月。见于校园行道旁或花园内栽培。我国各大城市都有栽培，亦作玉兰、白兰等木兰科植物的嫁接砧木；树皮、叶、花蕾均可入药；花蕾晒干后称“辛夷”，含挥发油，作镇痛消炎剂。

二、三白草科 Saururaceae

蕺菜 *Houttuynia cordata* Thunb.

蕺菜属

腥臭草本。茎下部伏地，节上轮生小根，上部直立，无毛或节上被毛，有时带紫红色。叶薄纸质，有腺点；顶端短渐尖，基部心形，两面有时除叶脉被毛外余均无毛，背面常呈紫红色；雄蕊长于子房，花丝长为花药的3倍。蒴果顶端有宿存的花柱。花期5～7月，果期7～10月。见于裕华东路医学部校区草药园。我国西北、华北、华中地区，以及长江以南各地有栽种。全株入药，有清热、解毒、利水之效；嫩根茎可食，我国西南地区人民常将其用作蔬菜或调味品。

三、莲科 Nelumbonaceae

莲 *Nelumbo nucifera* Gaertn.

莲属

多年生水生草本。根茎横生，肥厚，节间膨大，内有多数纵行通气孔道，节部缢缩，上生黑色鳞叶，下生须状不定根。叶圆形，盾状，全缘稍呈波状。花瓣红色、粉红色或白色，由外向

内渐小。坚果椭圆形或卵形；种子（莲子）卵形或椭圆形。花期 6～8 月，果期 8～10 月。见于七一路校区人工湖内。分布于我国南北各地。根茎（藕）可生食或制藕粉；种子（莲子）供食用；叶、叶柄、花、雄蕊、花托及种子均可药用；叶可作包装材料；花大，美丽，供观赏。

四、睡莲科 Nymphaeaceae

01 白睡莲 *Nymphaea alba* L.

睡莲属

多年生水生草本，根茎匍匐。叶纸质，近圆形，直径 10～25 cm，全缘，幼时带红色。花白色，直径约 10 cm，近全日开放；花瓣宽，卵形。浆果扁平至半球形，长 2.5～3 cm；种子椭圆形，长 2～3 cm。花期 6～8 月，果期 8～10 月。见于七一路校区人工湖内。分布于我国河北、山东、陕西、浙江等地。花供观赏；根茎可食。

02 红睡莲 *Nymphaea alba* L. var. *rubra* Lonnr

睡莲属

粗壮多年生水生草本。叶聚生于横生黑色根茎上。叶近圆形，直径 10～12 cm，全缘，幼时带红色。花玫瑰红色，直径约 10 cm，近全日开放；花瓣宽卵形；花药及柱头黄色。花期 6～8 月，果期 8～10 月。见于七一路校区人工湖内。分布于我国河北、山东、陕西、浙江等地。观赏植物。

03 黄睡莲 *Nymphaea mexicana* Zucc.

睡莲属

多年生水生草本，根茎直生，球茎状。叶二型，沉水叶圆形，背面具小紫褐色斑；浮水叶卵形，上面有暗褐色斑，背面红褐色，具黑斑点。花径约 10 cm，开放时伸出水面以上；花瓣鲜黄色，向内渐变小；雄蕊鲜黄色。花期 7～8 月，果期 8～9 月。见于七一路校区人工湖内。原产墨西哥，全国各地多有栽培。叶、花供观赏。

04 芡实 *Euryale ferox* Salisb. ex Konig et Sims

芡属

一年生大型水生草本。沉水叶箭形或椭圆肾形，两面无刺；叶柄无刺；浮水叶革质，椭圆肾形至圆形，盾状，全缘，下面带紫色，两面在叶脉分枝处有锐刺；叶柄及花梗皆有硬刺。花瓣紫红色，成数轮排列，向内渐变成雄蕊。浆果球形，污紫红色，外面密生硬刺；种子球形，黑色。花期 7～8 月，果期 8～9 月。见于七一路校区人工湖、池塘等。分布于我国南北各地。种子含淀粉，供食用、造酒及制副食品的原料，也是滋养强壮药；全草为猪饲料，也可作绿肥。

五、毛茛科 Ranunculaceae

01 黄花铁线莲 *Clematis intricata* Bge.

铁线莲属

多年生攀缘草本。一至二回羽状三出复叶，小叶 2～3 全裂，裂片线形。花单生或呈聚伞花序；中间花无苞叶，侧生花梗下部有 1 对苞叶；花黄色；萼片 4。瘦果卵形。花期 5～6 月，果期 6～7 月。见于河大路等校区绿地、路旁、灌丛。分布于我国内蒙古、山西、陕西、甘肃、青海等地。根药用，有祛瘀、利尿、解毒功效；全草也有很高的观赏价值。

02 茴茴蒜 *Ranunculus chinensis* Bge.

毛茛属

草本，须根细长成束，茎中空。三出复叶，中间小叶3裂，裂片再2～3深裂，边缘生牙齿，叶两面伏生长硬毛。萼片5，黄绿色；花瓣5，黄色。聚合果椭圆形。花果期5～9月。见于校园水边湿地。我国东北、华北、西北、西南均有分布。全草药用，有消炎、止痛、截疟、杀虫等功效，治肝炎、肝硬化、疟疾、胃炎、溃疡、哮喘、疮癞、银屑病、风湿关节痛、腰痛等；内服需久煎，外用可用鲜草捣汁或煎水洗；水浸液可防治菜青虫、黏虫、小麦枯斑病。

六、芍药科 Paeoniaceae

01 牡丹 *Paeonia suffruticosa* Andr.

芍药属

落叶小灌木。二回三出复叶，羽片3，小叶倒卵形至宽椭圆形，小叶二回三裂；叶

表面绿色，背面有白粉。花大，单生枝顶；萼片 5，绿色；花瓣 5 或重瓣，白色、红紫色或黄色，先端常 2 浅裂；心皮 5，成熟时开裂，顶端有嘴。果卵形或椭圆形。花期 5～6 月，果期 9 月。见于河大路校区北院等区域栽培。广泛栽培于全国各地。我国特有的木本名贵花卉，有数千年自然生长和人工栽培历史。根皮药用，名丹皮，为镇痉药，功能凉血散瘀；花大美丽，供观赏。

02 芍药 *Paeonia lactiflora* Pall.

芍药属

多年生草本。茎具纵条纹，近顶部分枝。叶互生，近革质，二回三出复叶，羽片 3，中央羽片有长柄，三全裂或三出。花生于茎顶或分枝顶端，花大，直径 9～13 cm，白色或带粉红色；雄蕊多数，花药黄色；心皮 2～5，无毛，柱头暗紫色。果卵形或椭圆形。花期 5～6 月，果期 9 月。见于河大路校区图书馆前等区域栽培。根入药，称“白芍”，能镇痛、镇痉、祛瘀、通经；种子含油量约 25%，供制皂和涂料用。

七、小檗科 Berberidaceae

紫叶小檗 *Berberis thunbergii* DC. var. *atropurpurea* Chenault

小檗属

落叶灌木。枝丛生，幼枝紫红色或暗红色，老枝灰棕色或紫褐色。叶小，全缘，菱形或倒卵形，紫红到鲜红。花 2～5 成具短总梗并近簇生的伞形花序，或无总梗而呈簇生状，花被黄色；小苞片带红色，急尖；外轮萼片卵形，先端近钝，内轮萼片稍大于外轮萼片；花瓣长圆状倒卵形，先端微缺，基部以上腺体靠近。浆果红色，椭圆体形，果熟后艳红美丽，种子 1～2。花期 4～6 月，果期 7～10 月。见于河大路校区逸夫楼前、七一路校区楼前等区域花坛内。原产日本，我国各地广泛栽培，多生于林缘或疏林空地。紫叶小檗可用于布置花坛、花境等。

八、罂粟科 Papaveraceae

01 地丁草 *Corydalis bungeana* Turcz.

紫堇属

多年生草本。基生叶和茎下部叶具长柄；叶片轮廓卵形，一回裂片 2～3 对，灰绿色。总状花序；苞片叶状，羽状深裂；萼片近三角形；花瓣淡紫色，内面顶端具紫斑。蒴果长圆形。花果期 4～7 月。见于校园绿地或荒地。分布于我国辽宁、内蒙古、河北、山西、陕西、甘肃、山东、江苏等地。全草药用，有清热解毒功效。

02 秃疮花 *Dicranostigma leptopodum* (Maxim.) Fedde.

秃疮花属

两年生草本，植物体含淡黄色汁液。茎多数，丛生。基生叶莲座状，具不规则羽状裂；茎生叶苞片状，羽状中裂。伞房花序；萼片绿色，花开时即脱落；花瓣倒卵形，淡黄色。蒴果长圆柱形；种子棕褐色，表面具网纹。花期 4～6 月，果期 7～8 月。见于河大路校区北院天桥下等区域绿地或路边。分布于我国河北、山西、河南、陕西、甘肃、新疆、四川、云南等地。全草供药用，能清热解毒、消肿、止痛、杀虫。

九、悬铃木科 Platanaceae

二球悬铃木 *Platanus acerifolia* Willd.

悬铃木属

落叶大乔木，树皮光滑。嫩枝密生灰黄色绒毛；老枝秃净，红褐色。叶阔卵形，中央裂片阔三角形，宽度与长度约相等。花 4 数。雄花萼片卵形，被毛；花瓣矩圆形，长为萼片的 2 倍；雄蕊比花瓣长。果枝有头状果序常下垂；宿存花柱刺状，坚果之间无凸出绒毛，或有极短的毛。花期 4～5 月，果熟 9～10 月。见于河大路校区门前行道旁等区域栽培。该种是三球悬铃木（*P. orientalis*）与一球悬铃木（*P. occidentalis*）的杂交种。我国东北、华中及华南均有引种。著名城市绿化树种、优良庭荫树和行道树，有“行道树之王”之称。

十、杜仲科 Eucommiaceae

杜仲 *Eucommia ulmoides* Oliver

杜仲属

落叶乔木。树皮粗糙，内含橡胶，折断拉开有多数细丝。叶椭圆形、卵形或矩圆形，薄革质；表面暗绿色，背面淡绿，边缘有锯齿；叶柄被散生长毛。花生于当年枝基部，雄花无花被；苞片倒卵状匙形，顶端圆形，边缘有睫毛，早落；雄蕊长，无毛，无退化雌蕊；雌花单生，苞片倒卵形。翅果扁平，长椭圆形，先端2裂，基部楔形，周围具薄翅。坚果稍凸起；种子扁平，线形，两端圆形。早春开花，秋后果实成熟。见于河大路校区花园栽培。全国各地广泛栽种。树皮可药用，分泌的硬橡胶可作工业原料及绝缘材料；木材可供建筑及制家具用材。

十一、榆科 Ulmaceae

01 金叶榆 *Ulmus pumila* L cv. ‘Jinye’

榆属

落叶乔木，树冠圆球形。树皮暗灰色，纵裂，粗糙。小枝金黄色，细长，排成二列状。叶卵状长椭圆形，金黄色，先端尖，基部稍歪，边缘有不规则单锯齿。早春先叶开花，簇生于上一年生枝上。花自花芽抽出，在叶腋排成簇状花序；花被钟形，雄蕊与花被裂片同数而对生；子房扁平，花柱极短。翅果近圆形，种子位于翅果中部。花期 3～4 月，果期 4～6 月。见于河大路校区南院花园等区域栽培。我国河北、河南引种较多。金叶榆喜光，耐寒，耐旱，抗风、保土能力强，对烟尘及氟化氢等有毒气体抗性强。

02 裂叶榆 *Ulmus laciniata* (Trautv.) Mayr.

榆属

落叶乔木。树皮淡灰褐色或灰色，浅纵裂，裂片较短，常翘起，表面常呈薄片状剥落。叶倒卵形、倒三角状、倒三角状椭圆形或倒卵状长圆形，先端常 3～7 裂，裂片三角形，表面密被硬毛，背面被柔毛，沿叶脉较密，脉腋常具簇生毛。花在去年生枝上排成簇状聚伞花序。翅果椭圆形或长圆状椭圆形，果核部分位于翅果中部或稍向下；宿存花被无毛，钟状，常5浅裂。花果期4～5月。见于河大路校区南院篮球场旁花园。分布于我国黑龙江、吉林、辽宁、内蒙古、河北、陕西、山西及河南等地。木材可供家具、车辆、器具、造船及室内装修等用材。

03 榆 *Ulmus pumila* L.

榆属

落叶乔木。幼树树皮平滑，灰褐色或浅灰色；成树之皮暗灰色，不规则深纵裂，粗糙。小枝无毛或有毛，无膨大木栓层及凸起木栓翅。叶椭圆状卵形或椭圆状披针形，叶面平滑无毛，叶背幼时有短柔毛，后变无毛或部分脉腋有簇生毛，叶柄被短柔毛。花先叶开放，多数呈簇状聚伞花序，生去年枝的叶腋。翅果近圆形或宽倒卵形，无毛；种子位于翅果中部或近上部。花果期3～6月（东北较晚）。见于各校区栽培。分布于我国东北、华北、西北及西南各地，生于山坡、山谷、川地、丘陵等处。造林绿化树种。

十二、桑科 Moraceae

01 构树 *Broussonetia papyrifera* (L.) L'Heritier ex Ventenat

构属

落叶乔木，全株含乳汁。树皮暗灰色；小枝密生柔毛；树冠张开，卵形至广卵形。叶螺旋状排列，广卵形至长椭圆状卵形，边缘具粗锯齿，表面粗糙，疏生糙毛，背面密被绒毛；叶柄密被糙毛；托叶大，卵形。花雌雄异株；雄花序为柔荑花序，苞片披针形，花被 4 裂，裂片三角状卵形；雄蕊 4，退化雌蕊小；雌花序球形头状，苞片棍棒状，花被管状。聚花果成熟时橙红色，肉质；瘦果具与果体等长的柄，表面有小瘤，外果皮壳质。花期 4～5 月，果期 6～7 月。见于各个校区栽培或野生。分布于全国各地，常野生或栽于村庄附近的荒地、田园及沟旁。构树是强阳性树种，适应性特强，抗逆性强，可用作行道树和绿化树种；叶是良好的猪饲料；韧皮纤维是造纸的高级原料；根和种子均可入药；树液可治皮肤病。

02 无花果 *Ficus carica* L.

榕属

落叶灌木，多分枝。树皮灰褐色；小枝直立，粗壮。叶互生，广卵圆形，常3～5裂，小裂片卵形，边缘具不规则钝齿，表面粗糙，背面密生细小钟乳体及灰色短柔毛。雌雄异株，雄花花被片4～5，雄蕊3，有时1或5；雌花花被片4～5，柱头2裂。聚花果单生叶腋，大而梨形，顶部下陷，成熟时紫红色或黄色；瘦果透镜状。花果期5～7月。见于河大路校区南院居民区栽培。原产地中海沿岸，现我国南北均有栽培。无花果除鲜食、药用外，还可加工制干果、果脯、果酱、果汁、果茶、果酒、饮料、罐头等；园林及庭院绿化观赏树种。

03 黄金榕 *Ficus microcarpa* 'Golden Leaves'

榕属

常绿小乔木，树干多分枝。单叶互生，叶椭圆形或倒卵形革质，全缘，叶表光滑，有光泽，叶缘整齐，嫩叶呈金黄色，老叶深绿色。花单性，雌雄同株；球形隐头花序。果实球形，熟时红色，扁球形。花期5～6月，果期9～10月。见于河大路校区花园、绿地。

我国广东、广西、海南、云南等地均有分布和栽培。黄金榕耐热、耐湿、耐旱、耐瘠，不耐阴、不耐寒，抗污染，需强光，可作行道树、园景树、绿篱树或修剪造型，也可构成图案、文字。

04 葎草 *Humulus scandens* (Lour.) Merr.

葎草属

多年生攀缘草本植物，茎、枝、叶柄均具倒钩刺。叶片纸质，肾状五角形，掌状，基部心形，表面粗糙，背面有柔毛和黄色腺体，裂片卵状三角形，边缘具锯齿。单性花，雌雄异株；雄花序呈圆锥状，花被片 5，浅黄色，雄蕊 5；雌花序近球形，腋生，苞片卵状披针形，有白刺毛和黄色小腺点，每苞片内有雌花 2。瘦果扁球形。花期春夏，果期秋季。见于各校区野生。分布于全国各地（新疆、青海除外），生于荒地、废墟、林缘、沟边等地。全草入药；茎皮纤维可作造纸原料；种子油可制肥皂；果穗可代啤酒花用。葎草也是有害植物，种子繁殖，危害果树及作物，其茎缠绕在植株上影响农作物正常生长。

05 桑 *Morus alba* L.

桑属

落叶乔木或灌木，树体富含乳浆，树皮黄褐色。叶互生，叶卵形至广卵形，叶端尖，叶基圆形或浅心形，边缘有粗锯齿，有时不规则分裂；叶面无毛，有光泽，叶背脉有疏毛。雌雄异株，柔荑花序。聚花果黑紫色或白色。花期 5 月，果期 6～7 月。见于河大路校区逸夫楼旁花园等区域栽培。我国南北普遍栽培或野生。叶饲蚕；木材可做农具；茎皮纤维是造纸、纺织原料；果可食用；根皮和果可入药。

十三、荨麻科 Urticaceae

苎麻 *Boehmeria nivea* (L.) Gaudich.

苎麻属

亚灌木或灌木。茎上部与叶柄均密被开展长硬毛和糙毛。叶互生，叶片草质，圆卵形或宽卵形，先端骤尖，基部平截，具齿。圆锥花序腋生，雄团伞花序花少数，雌团伞花序花多数密集；雄花花被片 4，合生至中部，雄蕊 4。瘦果近球形，基部缢缩成细柄。花果期 8～10 月。见于河大路校区南院花园等区域。我国甘肃、陕西、河南（南部）等地广泛栽培。苎麻茎皮纤维细长，强韧，可作飞机翼布、人造棉等；种子可榨油；根叶可入药。

十四、胡桃科 Juglandaceae

01 胡桃（核桃）*Juglans regia* L.

胡桃属

落叶乔木，老树皮灰白色，浅纵裂。奇数羽状复叶，全缘，光滑。雄柔荑花序，雄花有雄蕊6～30，萼3裂；雌穗状花序常具1～3雌花，总苞被极短腺毛，柱头浅绿色。果实椭圆形，灰绿色，幼时具腺毛，老时无毛，内部坚果球形，黄褐色，表面有不规则槽纹。花期4～5月，果期9～10月。见于河大路校区南院花园等区域栽培。全国各地均有栽培。胡桃为优良绿化树种；胡桃仁每百克含蛋白质15～20 g、脂肪较多、碳水化合物10 g，含人体必需的钙、磷、铁等多种微量元素和矿物质，以及胡萝卜素、核黄素等多种维生素；树皮和外果皮可提取单宁作鞣料。

02 枫杨 *Pterocarya stenoptera* C. DC.

枫杨属

大乔木，幼树树皮平滑，老时则深纵裂。芽具柄，密被锈褐色盾状着生的腺体。偶数或稀奇数羽状复叶，叶轴具翅至翅不甚发达，与叶柄一样被短毛；小叶多枚，无柄，长椭圆形至长椭圆状披针形，先端短尖，基部楔形至圆，具内弯细锯齿。雌柔荑花序顶生，花序轴密被星状毛及单毛，雌花苞片无毛或近无毛。果序轴常被毛；果长椭圆形，基部被星状毛；果翅条状长圆形。花期4～5月，果期8～9月。见于河大路校区天桥下花园内栽培。现已广泛在全国各地栽植作园庭树或行道树。树皮和枝皮含鞣质，可提取栲胶，亦可作纤维原料；果实可作饲料和酿酒，种子还可榨油。

十五、商陆科 Phytolaccaceae

垂序商陆 *Phytolacca americana* L.

商陆属

多年生草本植物，高可达2 m。根粗壮，肥大；茎直立，圆柱形。叶片椭圆状卵形或卵状披针形，顶端急尖，基部楔形。总状花序顶生或侧生，花白色，微带红晕，心皮合生。果序下垂；浆果扁球

形，种子肾圆形。花期 6～8 月，果期 8～10 月。见于各个校区花坛、绿化带等区域野生。原分布于北美洲，我国引入栽培，现河北、陕西、山东、江苏、浙江、江西、福建、河南、湖北、广东、四川、云南等地有栽培，或逸生，生长在疏林下、路旁和荒地。根供药用，治水肿、白带、风湿，并有催吐作用，外用可治无名肿毒及皮肤寄生虫病；种子利尿；叶有解热作用，并治脚癣；全草可作农药。

十六、藜科 Chenopodiaceae

01 藜 *Chenopodium album* L.

藜属

一年生草本。茎具条棱及绿色或紫红色色条。叶片菱状卵形至宽披针形，有时嫩叶表面有紫红色粉，边缘具不整齐锯齿。花两性，圆锥花序；花被裂片 5，背面具纵隆脊。果皮与种子贴生；种子横生，双凸镜状，黑色，表面具浅沟纹。花果期 5～10 月。常见于各校区野生。分布于我国南北各地。本种分布甚广，形态变异很大，已发表的种下等级名称较多。全草药用，有止泻痢、止痒功效；种子榨油，供食用和工业用。

02 红心藜 *Chenopodium album* L. var. *centrorubrum* Makino

藜属

一年生草本。茎直立，具条棱及绿色或紫红色色条，多分枝。叶片菱状卵形至宽披针形，有时嫩叶表面有紫红色粉，边缘具不整齐锯齿。花两性，于枝上部排成穗状圆锥状或圆锥状花序；花被裂片 5，宽卵形至椭圆形，背面具纵隆脊，有粉，先端或微凹，边缘膜质；雄蕊5，柱头2。果皮与种子贴生；种子双凸镜状。花果期5～10月。见于各校区野生。分布遍及全球温带及热带，我国各地

均产，生于路旁、荒地及田间。幼苗、嫩茎叶和花穗均可食用；全草药用，有去湿解毒、解热、缓泻之效。红心藜为藜的变种，区别是枝顶幼叶密被红色粉粒，成长后渐变绿色。

03 灰绿藜 *Chenopodium glaucum* L.

藜属

一年生草本。茎具条棱及绿色或紫红色色条。叶片矩圆状卵形至披针形，边缘具缺刻状齿，背面有粉而呈灰白色，稍带紫红色。花两性，团伞

花序；花被裂片3～4，浅绿色。胞果黄白色；种子扁球形，暗褐色，表面有细点纹。花果期5～10月。常见于各校区花坛及路边野生。分布于我国东北、华北、西北、华中等地区，生于农田、菜园、村房、水边等轻度盐碱化土壤。灰绿藜是牲畜的良好饲料；茎叶可提皂素。

04 地肤 *Kochia scoparia* (L.) Schrad.

地肤属

一年生草本。植株嫩绿，秋季叶色变红；株丛紧密，株形卵圆至圆球形、倒卵形或椭圆形，分枝多而细，具短柔毛，茎基部半木质化。单叶互生，叶线状披针形。疏

穗状圆锥花序；开红褐色小花，花极小。胞果扁球形，果皮膜质，与种子离生；种子卵形，黑褐色，稍有光泽。花期6～9月，果期7～10月。常见于各个校区花园、花坛。原产欧洲及亚洲中部和南部地区，分布于我国各地。果实可入药，叫地肤子；嫩茎叶可食用；老株可用作扫帚。

十七、苋科 Amaranthaceae

01 繁穗苋（老鸦谷）*Amaranthus paniculatus* L.

苋属

一年生草本。茎粗壮，具钝棱角。叶片菱状卵形或菱状披针形，绿色或红色；叶柄绿色或粉红色。圆锥花序直立或下垂，中央分枝特长；花被片红色，与胞果等长。胞果近球形，上半部红色，超出花被片；种子近球形，淡棕黄色，有厚的环。花期6～7月，果期8～10月。常见于校园花坛及道路两侧。我国各地广为栽培或野生。繁穗苋可供观赏；茎可作蔬菜；种子可作点心配料。

02 反枝苋 *Amaranthus retroflexus* L.

苋属

一年生草本。茎粗壮，分枝或仅腋内生小枝，密生短柔毛。叶具芒尖，两面及边缘均有毛。花单性，雌雄同株，集成多毛刺花簇，再集为稠密的绿色圆锥花序，顶生及腋生；花被片白色，薄膜状，顶端具突尖。胞果倒卵状扁圆形。花期7～8月，果期8～9月。常见于校园花坛及道路两侧。分布于我国东北、华北和西北地区。幼茎叶可作野菜，亦为良好的猪饲料和青贮饲料。

03 刺苋 ***Amaranthus spinosus* L.**

苋属

一年生草本。茎有纵条纹。叶片菱状卵形或卵状披针形，全缘；叶柄在其旁有2刺。圆锥花序，苞片在腋生花簇及顶生花穗基部者变成尖锐直刺，在顶生花穗上部者狭披针形；花被片绿色。胞果矩圆形，包裹在宿存花被片内；种子近球形，黑色或带棕黑色。花果期7～11月。野生于校园绿地等区域。分布于我国西南、华南、华东等地区。幼茎叶可作野菜；根茎叶供药用，有凉血解毒功效。

04 皱果苋 *Amaranthus viridis* L.

苋属

一年生草本。叶片卵形，基部宽楔形或近截形，全缘或微呈波状缘。圆锥花序顶生，顶生花穗比侧生者长；花被背部有 1 绿色隆起中脉。胞果扁球形，绿色，极皱缩，超出花被片；种子近球形，黑色或黑褐色，具薄且锐的环状边缘。花期 6～8 月，果期 8～10 月。野生于校园绿地、路面等区域。分布于全国各地。嫩茎叶可作野菜和饲料。

十八、马齿苋科 Portulacaceae

马齿苋 *Portulaca oleracea* L.

马齿苋属

一年生草本，全株肉质无毛。茎多分枝，平卧，伏地铺散，枝淡绿色或带暗红色。单叶互生，叶片扁平，肥厚，似马齿状，表面暗绿色，背面淡绿色或带暗红色；叶柄粗短。花无梗，午时盛开；苞片叶状；萼片绿色，盔形；花瓣黄色，倒卵形；雄蕊 8～12；子房无毛。蒴果卵球形；种子细小，偏斜球形，黑褐色，有光泽。花期 5～8 月，果期 6～9 月。野生于校园绿地、路面或空旷区域。分布于我国南北各地。全草供药用，有清热利湿、解毒消肿、消炎、止渴、利尿作用，还可作兽药和农药；种子明目；嫩茎叶可作蔬菜，也是很好的饲料。

十九、石竹科 Caryophyllaceae

01 石竹 *Dianthus chinensis* L.

石竹属

多年生草本，全株无毛。茎疏丛生，直立，上部分枝。叶片线状披针形，顶端渐尖，基部稍狭，全缘或有细小齿，中脉较显。花单生枝端或数花集成聚伞花序；花瓣紫红色、粉红色、鲜红色或白色，顶缘不整齐齿裂，喉部有斑纹；雄蕊露出喉部外，花药蓝色；子房长圆形，花柱线形。蒴果圆筒形；种子黑色，扁圆形。花期5～6月，果期7～9月。见于七一路校区行道两侧花境等区域。原产我国北方，现南北普遍栽培。观赏花卉；根和全草入药，清热利尿、破血通经、散瘀消肿。

02 米瓦罐（麦瓶草）*Silene conoidea* L.

蝇子草属

越年生或一年生草本，全体密被腺毛。茎直立，单生或叉状分枝。基生叶匙形；茎生叶长圆形或披针形，全缘，先端尖锐。聚伞花序顶生；花萼开花时呈筒状，果时下部膨大呈卵形，裂片5，钻状披针形；花瓣5，倒卵形，紫红色或粉红色；雄蕊10；花柱3裂。蒴果卵圆形或圆锥形，有光泽，包于宿存萼筒内；

种子肾形，螺卷状，红褐色。花期4～6月，果期6～8月。野生于校园绿地、路旁。分布于我国华北、西北、华东及西南地区，为麦田杂草。全草入药，有止血、调经活血之效。

03 繁缕 *Stellaria media* (L.) Villars

繁缕属

一年生或二年生草本。茎俯仰或上升，基部多少分枝，常带淡紫红色。叶片宽卵形或卵形，顶端渐尖或急尖，基部渐狭或近心形，全缘；基生叶具长柄，上部叶常无柄或具短柄。疏聚伞花序顶生；花瓣白色，长椭圆形。蒴果卵形，稍长于宿存萼；种子卵圆形至近圆形。花期6～7月，果期7～8月。野生于校园绿地或花园。全国广布。茎、叶及种子供药用；嫩苗可食；但据《东北草本植物志》记载，其为有毒植物，家畜食用会引起中毒或死亡。

04 王不留行（麦蓝菜） *Vaccaria segetalis* (Neck.) Garcke

麦蓝菜属

一年生草本。茎中空，节部膨大，上部二叉状分枝。叶对生，卵状披针形或披针形，无柄，基部稍抱茎。二歧聚伞花序呈伞房状；花梗近中部处有2小苞片；萼筒卵状圆筒形，具5棱；花瓣倒卵形，粉红色，下部具长爪，顶端具不整齐小牙齿。蒴果卵形，4齿裂，包于宿萼内；种子暗黑色，表面密被明显小疣状凸起。花期4～5月，果期5～6月。野生于校园绿地或花园。原产欧洲，除华南外，全国各地均分布。种子入药称“留行子”，能活血、通经、消肿止痛、催生下乳；含淀粉53%，可酿酒和制醋；也可榨油，用作机器润滑油。

二十、蓼科 Polygonaceae

01 萹蓄 *Polygonum aviculare* L.

蓼属

一年生草本，分枝多。叶椭圆形或窄椭圆形，灰绿色；叶柄极短；托叶鞘膜质，淡白色。1～5花簇生于叶腋；花被5深裂，淡绿色，裂片有窄的白色或粉红色边缘。瘦果三棱卵形，黑褐色，包于宿存花被内。花期5～7月，果期6～8月。见于校园绿地、花园、路边等区域。分布于全国各地，生于路边、荒地、田边或沟边湿地。全草入药，能清热利尿；也可作饲料。

02 绵毛酸模叶蓼 *Polygonum lapathifolium* L. var. *salicifolium* Sibth.

蓼属

一年生草本。茎节膨大。叶披针形，表面绿色，常有一个大的黑褐色新月形斑点，背面密生白色绵毛；托叶鞘筒状。总状花序穗状，常由数个花序组成圆锥状；苞片漏

斗状；花被淡红色或白色，4（5）深裂。瘦果包于宿存花被内。花期6～8月，果期7～9月。常见于校园花坛。分布于全国各地，生于田边、路旁、水边、荒地或沟边湿地。全草入药，能清热解毒，治肠炎痢疾；幼嫩茎叶可作猪饲料。

03 齿果酸模 *Rumex dentatus* L.

酸模属

一年生或多年生草本。基生叶长圆形，基部圆形或稍心形，边缘微波状；茎生叶较小，基部圆形，有短柄。圆锥花序；花两性，花梗细长，果时下弯，近基部有关节；花被片6，2轮，黄绿色，内花被片果时增大，网脉凸出，边缘有2～4对尖针状齿。瘦果三棱形，褐色，光滑，包于内花被内。花期5～6月，果期6～10月。见于校园荒地或路旁。分布于山西、河南、陕西、甘肃、江苏、浙江、云南、四川、台湾等地，生于水沟边、河沟边湿地或路边荒地。根入药，有清热、解毒、活血功效。

二十一、梧桐科 Sterculiaceae

梧桐 *Firmiana simplex* (L.) W. Wight

梧桐属

落叶乔木。树皮青绿色，平滑。叶心形，掌状3～5裂，裂片三角形，顶端渐尖，基部心形，两面均无毛或略被短柔毛，基生脉7条。圆锥花序顶生，花淡黄绿色；萼5

深裂几至基部，萼片条形，向外卷曲，外面被淡黄色短柔毛，内面仅在基部被柔毛；花梗与花几等长；雄花的雌雄蕊柄与萼等长，下半部较粗，无毛；雌花子房圆球形，被毛。蓇葖果膜质，有柄，成熟前开裂成叶状，外面被短绒毛或几无毛，每蓇葖果有种子2～4；种子圆球形，表面有皱纹。花期6～7月，果期9～10月。见于河大路校区南院多功能馆等行道旁或花园内栽培。原产我国，南北各地都有栽培，为庭园绿化观赏树。

二十二、锦葵科 Malvaceae

01 苘麻 *Abutilon theophrasti* Medicus

苘麻属

一年生亚灌木草本，茎枝被柔毛。叶圆心形，两面密被星状柔毛；叶柄被星状细柔毛；托叶早落。花单生叶腋，花萼杯状，裂片卵形；花黄色，花瓣倒卵形；雄蕊柱平滑无毛；心皮15～20，排成轮状，密被软毛。蒴果，分果爿15～20。花期7～8月，果期9月。见于校园绿地、路边或荒地。广泛分布于全国各地。茎皮纤维可用于编织麻袋、绳索；种子入药；根和全草能解毒。

02 蜀葵 *Althaea rosea* (L.) Cavan.

蜀葵属

二年生草本。叶近圆心形，掌状5～7浅裂或波状棱角，被星状毛。总状花序；花单生或近簇生；叶状苞片杯状，密被星状粗硬毛；萼钟状，5齿裂；花瓣倒卵状三角形；有紫、粉、红、白等色。蒴果，种子扁圆，肾形。花期6～8月，果期8～9月。见于校园花园内。原产我国，全国各地普遍栽培。花大，美丽，供园林观赏；花、种子和根皮入药，能通便利尿；种子可榨油。

03 木槿 *Hibiscus syriacus* L.

木槿属

落叶灌木，小枝密被黄色星状绒毛。叶菱状卵圆形，先端钝尖，基部楔形，主脉 3（5），托叶线形，被短柔毛。花单生枝端叶腋，花梗密被星状短绒毛；小苞片线形，被柔毛；花萼钟形，密被星状短绒毛；花冠钟形，色彩有纯白、淡粉红、淡紫、紫红等，类型有单瓣、复瓣或重瓣；单体雄蕊。蒴果卵圆形，密被黄色星状绒毛；种子肾形，背部被黄白色长柔毛。花期 7～10 月，果期 8～10 月。见于校园楼旁、绿地、花园等区域栽培。全国各地均有栽培。木槿供观赏或作绿篱；茎皮纤维为造纸原料；全株入药。

04 圆叶锦葵 *Malva pusilla* Smith

锦葵属

多年生草本，分枝多而常匍生，被粗毛。叶肾形，基部心形，边缘具细圆齿，表面疏被长柔毛，背面疏被星状柔毛；叶柄被星状长柔毛；托叶小，卵状渐尖。花簇生于叶腋，偶单生茎基部；小苞片 3，披针形，被星状柔毛；萼钟形，被星状柔毛，裂片5，三角状渐尖头；花白色至浅粉红色，花瓣5，倒心形；雄蕊柱被短柔毛；花柱分枝。果扁圆形，分果爿13～15，被短柔毛；种子肾形，被网纹或无网纹。花果期4～9月。见于校园花坛内。广布于全国各地，耐干旱，多生长于荒野、路旁和草坡。圆叶锦葵具有益气止汗、利尿通乳、托毒排脓的功效。

二十三、堇菜科 Violaceae

01 紫花地丁 *Viola philippica* Cav.

堇菜属

多年生草本，无地上茎，根茎粗短，根浅黄色。叶3～5或更多，叶下延于叶柄，叶淡绿色，果期叶大，基部微心形；叶柄有狭翅，托叶膜质。苞片2，萼片卵状披针形，有膜质白边，无毛；花瓣紫色，下瓣距较细长；子房无毛，花柱向上渐粗，具短喙。蒴果无毛。花果期4月中下旬至9月。见于校园绿地、路边、草丛。分布于我国东北、华北、西北、华东、西南地区。全草入药，有清热解毒、凉血消肿、清热利湿的功效；也可用于观赏和绿化。

02 早开堇菜 *Viola prionantha* Bge.

堇菜属

多年生草本，根茎较粗短，根细长，白色或黄白色。叶多数，卵形或长圆卵形，两面无毛或稍有短伏毛，果期叶大，卵状三角形或宽卵形，或长三角形，无毛；叶柄有翅，托叶膜质，边缘稍有细齿。花梗较多，高于叶，果期短于叶；苞片 2，萼片披针形或卵状披针形，花瓣紫色；子房无毛，花柱端平，有短喙。蒴果长圆形，无毛。花果期 4 月上中旬至 9 月。见于校园绿地、路边、荒地。分布于我国东北、华北、西北等地区。早开堇菜可用于园林绿化；全草供药用，能清热解毒，可治疥疮、肿毒等症。

二十四、柽柳科 Tamaricaceae

柽柳 *Tamarix chinensis* Lour.

柽柳属

灌木或小乔木。老枝直立，暗褐红色，光亮；幼枝稠密细弱，常开展而下垂，红紫色或暗紫红色，有光泽；嫩枝繁密纤细，悬垂。叶鲜绿色，下部枝的叶长圆状披针形或长卵形，上部枝的叶钻形或卵状披针形。每年开花两次或三次；春季总状花序侧生于去年枝上，夏秋季总

状花序生于当年枝上，常组成顶生圆锥花序；萼片 5，卵形；花瓣 5，矩圆形，宿存。蒴果圆锥形。花期 4～9 月，果期 7～10 月。见于河大路校区、七一路校区栽培。野生于辽宁、河北、河南、山东、江苏、安徽等地，栽培于我国东部至西南部各地，常生于盐渍土上。柽柳为耐盐树种；枝条可编筐篓；嫩枝叶可药用，能解表、利尿、祛风湿。

二十五、葫芦科 Cucurbitaceae

01 黄瓜 *Cucumis sativus* L.

黄瓜属

一年生蔓生或攀缘草本。茎枝疏散伸长，有棱沟，具白色短刚毛；卷须细，不分叉，具白色柔毛。叶柄被粗硬毛；叶片宽心状卵形，两面被粗硬短刚毛，多角形或 3～5 浅裂。雌雄同株；雄花常数朵簇生叶腋，花梗纤细，被长柔毛，花萼筒狭钟状或近圆筒状，密被白色长柔毛，花冠黄色，雄蕊 3 枚；雌花单生或簇生，花梗粗壮，被柔毛，子房纺锤形，常有小刺状凸起。果实表面有刺状小瘤状凸起；种子小，白色。花果期夏秋季。见于校园家属楼前栽种。全国各地广泛栽培。果实菜用；茎药用。

02 西葫芦 *Cucurbita pepo* L.

南瓜属

一年生蔓生草本。茎须多分叉，有半透明粗糙毛。叶质硬，直立，常明显分裂，裂片尖端锐尖，两面有粗糙毛。雌雄同株，花单生，黄色；花萼裂片线状披针形；花冠筒常向基渐狭呈钟状，分裂至近中部，顶端锐尖；雄蕊 3，子房 1 室。果梗粗壮，有明显棱沟，果蒂变粗或稍扩大；果实形状因品种而异；种子卵形，白色，边缘拱起而钝。花果期夏秋季。见于校园家属楼前栽种。原产热带非洲及亚洲西部，全国各地均栽培。果实作蔬菜。

03 丝瓜 *Luffa cylindrica* (L.) Roem.

丝瓜属

一年生攀缘草本。茎粗糙有棱沟，微被柔毛；茎须分 2～4 叉。叶柄粗糙，叶片三角形或近圆形，膜质，掌状 5～7 裂，边缘有小齿，两面粗糙有腺体。雌雄同株；雄花为总状花序，花萼筒宽钟形，被短柔毛，萼片具 3 条脉，花冠黄色，辐状，花冠裂片具 3 条主脉，雄蕊 3；雌花单生，柱头 3。果实圆柱形，常有浅沟或条纹，无棱；种子多数，黑色。花果期夏秋季。见于校园家属楼前栽种。原产印度，全国各地普遍栽培。果作菜用；果熟时果皮的网状纤维晒干后称“丝瓜络”，供药用，为清凉利尿、活血、通经、解毒药。

04 栝楼 *Trichosanthes kirilowii* Maxm.

栝楼属

多年生攀缘草本。块根横生，粗大肥厚，黄色。叶片宽卵状心形或扁心形，3～5 浅裂至深裂。雄花排成总状花序，上端着生 3～8 朵花；小苞片菱状倒卵形，中部以上不规则大齿；萼片线形，全缘；花冠白色；雌花单生。果实宽卵状椭圆形至球形。花果期 7～11 月。见于河大路校区南院家属楼附近。分布于我国北部至长江流域各地。根（天花粉）供药用，可涂敷湿疹和其他皮肤病；果实（栝楼）煎汁为产妇下乳药；种子（栝楼仁）为镇咳祛痰药。

二十六、杨柳科 Salicaceae

01 毛白杨 *Populus tomentosa* Carr.

杨属

落叶乔木。树皮幼时暗灰色，老时基部黑灰色，纵裂，皮孔菱形散生。长枝叶三角状卵形，具深波状齿牙缘；叶柄上部侧扁，顶端常有腺点；短枝叶较小，具深波状齿牙缘，先端无腺点。柔荑花序；雄花苞片密生长毛；雌花苞片褐色，沿边缘有长毛。蒴果圆锥形或长卵形，2 瓣裂。花期 3～4 月，果期 4～5 月。见于校园教学区、操场等行道旁栽培。我国主要分布于黄河中下游地区。毛白杨是速生用材林、防护林和行道河渠绿化树种；木材可造纸；根、树皮、花可入药。

02 垂柳 *Salix babylonica* L.

柳属

落叶乔木。树皮灰黑色，不规则开裂；枝细，下垂。叶狭披针形，基部楔形，锯齿缘。花序先叶或与叶同时开放；雄花序长 1.5～3cm；雌花序长 2～5cm，基部有 3～4

小叶；腺体 1。蒴果黄褐色。花期 3～4 月，果期 4～5 月。见于河大路校区主楼西侧、七一路校区图书馆等行道路两侧栽培。我国大部分地区均有栽培。园林绿化中常用作行道树，观赏价值较高；木材可作建筑用材；枝条可编筐；树皮含鞣质，可提制栲胶；叶可作羊饲料；叶及树皮可入药。

二十七、十字花科 Brassicaceae

01 匙荠 *Bunias cochlearioides* Murr.

匙荠属

两年生草本。茎自基部分枝，无毛。基生叶有长柄，羽状深裂，顶裂片大；茎生叶无柄，长圆形或长圆状倒披针形，具波状或深波状牙齿，基部有明显耳，半抱茎。总状花序顶生，稠密；花白色，萼片广椭圆形或长圆形；花瓣倒卵状椭圆形，基部突然变狭成短爪。短角果圆卵形，不开裂；种子圆形，黄褐色。花期 5～6 月，果期 6～7 月。见于河大路校区家属楼附近绿地等区域。分布于我国东北、华北、西北等地区，生于潮湿地方。花具有观赏价值。

02 荠 *Capsella bursa-pastoris* (L.) Medic.

荠属

一年生或两年生草本，无毛、有单毛或分叉毛。茎直立，单一或下部分枝。基生叶丛生莲座状，大头羽状分裂；茎生叶窄披针形，基部抱茎，边缘有缺刻或锯齿。总状花序；萼片长圆形；花瓣白色，卵形。短角果倒三角形或倒心状三角形；种子 2 行，长椭圆形。花果期 4～6 月。见于校园绿地、路旁等区域。分布几遍全国。全草入药，有凉血、止血、清热明目、消积功效；茎叶作蔬菜食用；种子油供制油漆及肥皂用。

03 播娘蒿 *Descurainia sophia* (L.) Webb ex Prantl

播娘蒿属

一年生草本。茎直立，有分枝。叶三回羽状深裂，末端裂片条形或长圆形，下部叶有柄，上部叶无柄。花序伞房状，果期伸长；萼片直立，早落，长圆条形，背面有分叉细柔毛；花瓣黄色，长圆状倒卵形，具爪；雄蕊 6，比花瓣长三分之一。长角果窄线形，淡黄绿色，无毛；种子长圆形至卵形。花果期 5～8 月。见于校园林下绿地。除华南外广布全国各地，生于路边或荒地。种子入药，有利尿、消肿、去痰、定喘功效；种子油工业用。

04 小花糖芥 ***Erysimum cheiranthoides*** **L.**

糖芥属

一年生或两年生草本。茎直立，分枝或不分枝，有棱角，具 2 叉毛。基生叶莲座状，平铺地面，大头羽状浅裂；茎生叶披针形或线形。总状花序顶生；萼片长圆形或线形，外面有 3 叉毛；花瓣浅黄色，长圆形，顶端圆形或截形，下部具爪。长角果圆柱形，果梗粗；种子卵形，淡褐色。花期 5 月，果期 6 月。见于七一路校区南门口西侧绿地等区域。分布于我国吉林、辽宁、内蒙古、河北、山西、山东、河南、安徽、江苏、湖北、湖南、陕西、甘肃、宁夏、新疆、四川、云南等地，生于路旁或荒地。全草药用，有强心作用；种子油供工业用。

05 独行菜 ***Lepidium apetalum*** **Willd.**

独行菜属

一年生或两年生草本。茎直立或斜升，多分枝，被微小头状毛。基生叶莲座状，平铺地面，羽状浅裂或深裂，叶片狭匙形；茎生叶狭披针形至条形，有疏齿或全缘。总状花序顶生，花极小；萼片椭圆形，无毛或被柔毛，具膜质边缘；花瓣匙形，白色。短角果近圆形或宽椭圆形；种子椭圆形，棕红色，平滑。花果期5～7月。见于河大路校区综合科研楼东侧绿地等区域。分布于我国东北、华北、西北、西南等地区，生于路旁或住宅附近。嫩叶作野菜食用；全草及种子药用，有利尿、止咳、化痰功效；种子可榨油。

06 诸葛菜 *Orychophragmus violaceus* (L.) O. E. Schulz

诸葛菜属

一年生或两年生草本，无毛，有粉霜。茎单一，直立，基部或上部稍有分枝，浅绿色或带紫色。基生叶和下部叶具叶柄，大头羽状分裂；上部叶矩圆形，不裂，抱茎。总状花序顶生；花紫色、浅红色或褪成白色；花萼筒状，紫色；花瓣宽倒卵形，密生细脉纹。长角果条形，具4棱，裂瓣有一凸出中脊；种子卵形至长圆形，黑棕色，有纵条纹。花期4～5月，果期5～6月。见于河大路校区、七一路校区林下、花园、绿地等。分布于我国辽宁、山西、山东、甘肃、河南、安徽、江苏、浙江、江西、湖北、四川等地。诸葛菜可作观赏花卉；嫩茎叶作野菜食用；种子可榨油食用。

07 风花菜 *Rorippa globosa* (Turcz.) Hayek

蔊菜属

一年生或两年生粗壮草本，植株被白色硬毛或近无毛。茎直立，基部木质化，下部被白色长毛，上部近无毛。茎下部叶具柄，上部叶无柄；叶片长圆形或倒卵状披针形，基部抱茎。总状花序多数，圆锥花序式排列；花黄色，萼片4，长卵形；花瓣倒卵形。短角果球形，果梗纤细；种子扁卵形，淡褐色。花期4～6月，果期7～9月。见于七一路校区花园、绿地等区域。分布于我国东北、华北、江苏、华南等地区，生于路旁或湿地。全草药用，有补肾、凉血功效；种子油供食用；嫩株作饲料。

二十八、柿科 Ebenaceae

01 柿 *Diospyros kaki* Thunb.

柿属

落叶乔木。树皮黑灰色，片状剥落。叶互生，长圆状卵形或倒卵形，表面有光泽，背面淡绿色。雌雄异株或同株，雄花呈短聚伞花序，雌花单生叶腋；花4数；

花萼果熟时增大；花冠黄白色。浆果橙黄色或鲜黄色，具宿存花萼。花期6～7月，果期9～10月。见于河大路校区南院篮球场旁花园栽培。原产我国，全国各地均有栽培。柿叶秋后变红，可作风景树。果可鲜食，也可做柿饼；柿霜、柿蒂、柿漆可入药；木材可作制器具、文具、雕刻等用材。

02 君迁子 *Diospyros lotus* L.

柿属

落叶乔木。树皮灰黑色或灰褐色；小枝褐色或棕色；嫩枝通常淡灰色，有时带紫色。冬芽带棕色。叶椭圆形，表面深绿色，有光泽，背面绿色或粉绿色，有柔毛；叶柄有时被短柔毛，上面有沟。柔荑花序，雄花腋生；花萼钟形；花冠壶形，带红色或淡黄色。果近球形或椭圆形，初熟时淡黄色，后变为蓝黑色，常被白色薄蜡层，8室。花期5～6月，果期10～11月。见于河大路校区南院篮球场旁花园栽培。分布于我国大部分地区。未熟果实可提制柿漆，供医药和涂料用。

二十九、景天科 Crassulaceae

长药八宝 ***Hylotelephium spectabile*** **(Bor.) H. Ohba**

八宝属

多年生草本。叶对生，或3叶轮生，卵形、宽卵形或长圆状卵形，先端钝尖，基部渐窄，有波状牙齿或全缘。花序伞房状，顶生；花密生；萼片5，线状披针形或宽披针形，花瓣5，淡紫红或紫红色，披针形或宽披针形；鳞片5，长方形，先端微缺；心皮5，窄椭圆形。蓇葖果直立。花期8～9月，果期9～10月。见于河大路校区北院天桥西侧花园内。分布于我国安徽、陕西、河南、山东、河北、辽宁、吉林、黑龙江等地。长药八宝可用于布置花坛，做网圈、方块、云卷、弧形、扇面等造景；也可作地被植物，植株整齐，生长健壮，群体效果佳，是布置花境和点缀草坪、岩石园的好材料。

三十、蔷薇科 Rosaceae

01 金焰绣线菊 ***Spiraea*** **×** ***bumalda*** **cv. 'Goldflame'**

绣线菊属

落叶灌木。单叶互生，具锯齿、缺刻或分裂，羽状脉或3～5出脉。花两性，稀杂性；花序伞形、伞房或圆锥状；萼筒钟状，萼片5，花瓣5；雄蕊着生花盘外缘；心皮5，离生。蓇葖果5，常沿腹缝开裂。花期6～9月，果期9～10月。见于河大路校区花坛栽培。原产美国，我国各地引种栽培。叶色有丰富的季相变化，供观赏。

02 月季花 *Rosa chinensis* Jacq.

蔷薇属

直立灌木。小枝粗壮，圆柱形，近无毛，有短粗的钩状皮刺或无刺。小叶 3～5，稀 7，小叶片宽卵形至卵状长圆形，先端长渐尖，基部近圆形或宽楔形，边缘有锐锯齿，两面近无毛。花几朵集生；花瓣重瓣至半重瓣，红色、粉红色至白色，倒卵形，先端有凹缺，基部楔形；花柱离生，伸出萼筒口外，约与雄蕊等长。果卵球形或梨形红色，萼片脱落。花期 4～9 月，果期 6～11 月。常见于各校区花园栽培。原产我国，各地普遍栽培。月季花园艺品种很多，供观赏；花含精油，可供制香水及糕点；花、叶及根可供药用，能活血祛瘀、散毒消肿、调经。

03 单瓣月季 *Rosa chinensis* Jacq. var. *spontanea* (Rehd. et Wils.) Yü et Ku

蔷薇属

直立灌木。小枝粗壮，圆柱形，近无毛，有短粗的钩状皮刺或无刺。小叶 3～5，小叶片宽卵形至卵状长圆形，先端长渐尖或渐尖，基部近圆形或宽楔形，边缘有锐锯齿，两面近无毛；托叶大部贴生叶柄，仅顶端分离部分成耳状，边缘常有腺毛。花几朵集生，稀单生，近无毛或有腺毛，萼片卵形，先端尾状渐尖，边缘常有羽状裂片，稀全缘，外面无毛，内面密被长柔毛；花瓣重瓣至半重瓣，红色、粉红色至白色，倒卵形。果卵球形或梨形，红色，萼片脱落。花期 4～9 月，果期 6～11 月。见于河大路校区理化分析中心等区域花坛内。产我国湖北、四川、贵州等地。庭院多栽培供观赏。本变种列入《世界自然保护联盟红色名录》中，保护级别为濒危。

04 多花蔷薇 *Rosa multiflora* Thunb.

蔷薇属

落叶灌木。枝细长，攀缘，有基扁的钩状皮刺。奇数羽状复叶，互生，倒卵状圆形至长圆形；托叶羽状分裂，边缘有腺毛。伞房花序圆锥状顶生，花多数，芳香，直径 2～3 cm；萼片三角状卵形，先端尾尖；花瓣白色，倒卵形，先端微凹。蔷薇果球形，红褐色。花期 5～6 月，果期 8～9 月。见于河大路校区、七一路校区等区域围栏旁。华北至黄河流域以南均有分布。多花蔷薇常种植于庭园用作绿篱及绿化植物；鲜花含精油，供食用、化妆及皂用香精；花、果、叶及根可入药；根皮含丹宁，可提栲胶。

05 白玉堂 *Rosa multiflora* Thunb. var. *alboplena* T. T. Yu et T. C. Ku

蔷薇属

攀缘灌木。小枝圆柱形，通常无毛，有短、粗稍弯曲皮刺。小叶 5～9 片。花多朵，排成圆锥状花序，无毛或有腺毛，有时基部有篦齿状小苞片；花直径 1.5～2 cm，萼片披针形，外面无毛，内面有柔毛；花瓣白色，重瓣，宽倒卵形，先端微凹，基部楔形；花柱结合成束，无毛，比雄蕊稍长。果近球形，红褐色或紫褐色，有光泽，无毛，萼片脱落。见于河大路校区综合科研楼西侧等围栏旁。产我国江苏、山东、河南等地，北京常见栽培。扦插易生根，常作嫁接月季花的砧木。

06 七姊妹 Rosa *multiflora* Thunb. var. *carnea* Thory

蔷薇属

多花蔷薇的变种。茎多直立，有皮刺。叶较大；花重瓣，深粉红色，常 6～7 簇生在一起呈扁平伞房花序，具芳香。花期 6～9 月，果期 9～10 月。见于河大路校区第九教学楼附近花园内。分布于我国长江以北黄河流域，河北各地多栽培。七姊妹常用于庭院造景，也是优良的垂直绿化材料，可植于山坡、堤岸保持水土。

07 玫瑰 *Rosa rugose* Thumb.

蔷薇属

落叶直立灌木。枝干粗壮，丛生，密生短绒毛，有皮刺和针刺，刺细长。奇数羽状复叶，小叶 5～9，椭圆形或椭圆状倒卵形；叶柄疏生小皮刺和腺毛；托叶披针形，大部分与叶柄连生，边缘有细锯齿，两面有短绒毛。花单生或 3～6 簇成枝顶，密生短绒毛和腺毛；萼片卵状披针形，先端尾尖，常扩大成叶状；花瓣紫红色或白色，雄蕊多数；

花柱有柔毛。蔷薇果，红色，萼片宿存。花期5～6月，果期7～8月。见于河大路校区南院花坛内。全国各地有栽培。鲜花瓣制香水、香皂、香精、熏茶和酿酒；花、根供药用，有理气活血及收敛作用；果实含维生素C，用于食品及药用；种子含油量约14%，可榨油；庭院多栽培供观赏。

08 黄刺玫 *Rosa xanthina* Lindl.

蔷薇属

落叶灌木。枝密集，披散；小枝无毛，有散生皮刺，无针刺。小叶宽卵形或近圆形，有圆钝锯齿，上面无毛，下面幼时被稀疏柔毛，渐脱落；叶轴和叶柄有稀疏柔毛和小皮刺；托叶带状披针形，大部贴生叶柄，边缘有锯齿的腺。花单生叶腋，重瓣或半重瓣，黄色，无苞片；花萼外面无毛；萼片披针形，全缘，内面有稀疏柔毛；花瓣宽倒卵形；花柱离生，被长柔毛。果近球形或倒卵圆形，熟时紫褐或黑褐色，无毛；萼片反折。花期5～6月，果期7～8月。见于各校区林下绿地或花园内。我国东北、华北各地庭园习见栽培。黄刺玫可供观赏；果实可食；花可提取芳香油；花、果药用，能理气活血、调经健脾。

09 珍珠梅 *Sorbaria sorbifolia* (L.) A. Br.

珍珠梅属

落叶灌木。奇数羽状复叶，小叶13～17，无柄，披针形，边缘具尖锐重锯齿；托叶线状披针形。大型圆锥花序；苞片线状披针形，边缘有腺毛；萼片半圆形，宿存，反折；花白色。果长圆形。花期 5～8 月，果期 8～9 月。见于河大路校区第九教学楼东等区域花园内。分布于我国内蒙古、山西、山东、河南、陕西、甘肃等地。花、叶清丽，花期长，供观赏。

10 棣棠花 ***Kerria japonica* (L.) DC.**

棣棠花属

落叶灌木。叶互生，顶端长渐尖，基部圆形、截形或微心形，边缘有尖锐重锯齿；叶柄无毛；托叶膜质，带状披针形，有缘毛，早落。单生花，花梗无毛；萼片卵状椭

圆形，顶端急尖，有小尖头，全缘，无毛，果时宿存；花瓣黄色，宽椭圆形，顶端下凹。瘦果倒卵形至半球形，褐色或黑褐色，表面无毛，有皱褶。花期4～6月，果期6～8月。见于河大路校区花园、七一路校区图书馆前等区域。我国大部分地区都有分布。棣棠花除供观赏外，入药有消肿、止痛、止咳、助消化等作用。

11 重瓣棣棠花 *Kerria japonica* (L.) DC. f. *pleniflora* (Witte) Rehd.

棣棠花属

落叶灌木。小枝绿色，圆柱形，无毛，常拱垂，嫩枝有棱角。叶互生，三角状卵形或卵圆形，顶端长渐尖，基部圆形、截形或微心形，边缘有尖锐重锯齿，两面绿色，上面无毛或有稀疏柔毛，下面沿脉或脉腋有柔毛；叶柄无毛；托叶膜质，带状披针形，有缘毛，早落。单生花，着生于当年生侧枝顶端，花梗无毛；萼片卵状椭圆形，顶端急尖，有小尖头，全缘，无毛；花瓣黄色，宽椭圆形，顶端下凹。瘦果倒卵形至半球形，褐色或黑褐色，表面无毛，有皱褶。花期4～6月，果期6～8月。见于七一路校区花园、绿地。我国湖南、四川和云南有野生种，全国各地普遍栽培。花、枝、叶秀丽，是三者俱美的春花植物，供观赏用。

12 平枝栒子 ***Cotoneaster horizontalis*** **Decne.**

栒子属

落叶或半常绿匍匐灌木。枝水平开张呈整齐两列状；小枝圆柱形，幼时被糙伏毛，老时脱落，黑褐色。叶片近圆形或宽椭圆形，表面无毛，背面有稀疏平贴柔毛；叶柄被柔毛；托叶钻形，早落。花 1～2，近无梗；萼筒钟状，外面有稀疏短柔毛，内面无毛；萼片三角形，外面具短柔毛，内面边缘有柔毛；花瓣直立，倒卵形，粉红色；雄蕊约 12；花柱常为 3，离生。果实近球形，鲜红色，常具 3 小核。花期 5～6 月，果期 9～10 月。见于河大路校区南院花园栽培。分布于我国安徽、湖北、湖南、四川、贵州、云南、陕西、甘肃等地，各地常有栽培。平枝栒子枝密叶小，红果艳丽，适用于园林地被及制作盆景等。

13 翻白草 ***Potentilla discolor*** **Bge.**

委陵菜属

多年生草本。根茎木质化，基部有少数棕褐色残余托叶。茎、叶柄和花序密生白色绒毛。奇数羽状复叶；基生叶有小叶 7～9，叶柄长 5～8 cm，托叶三角状披针形；茎生叶小叶多为 3，近无柄，对生稀互生；顶生小叶较大，边缘有圆钝粗锯齿，表面深绿色，微有长柔毛或近无毛，背面密生白色绒毛。伞房状聚伞花序；花梗与花萼密生白色绒毛和疏生长柔毛；花瓣黄色。瘦果，花柱近顶生，比果实稍短。花期 5～7 月，果期 6～9 月。见于裕华东路医学部校区草药园等区域。全国各地分布，生于路边或草丛。带根全草入药，能解热、止血、止痢、消肿。

14 朝天委陵菜 *Potentilla supina* L.

委陵菜属

一年生或两年生草本。茎平展或外倾，自基部有多数分枝，茎、叶柄和花梗疏生长柔毛。奇数羽状复叶，基生叶和茎下部叶有长柄，叶面绿色，被稀疏柔毛或脱落几无毛。下部花自叶腋生，顶端呈伞房状聚伞花序；萼片三角卵形，副萼片披针形；花瓣淡黄色，倒卵圆形；花柱近顶生，基部乳头状膨大，花柱扩大。瘦果长圆形，先端尖，表面具脉纹。花果期 3～10 月。见于校园绿地、荒地或路旁。分布于我国河南、江苏、浙江、安徽、江西、湖北、湖南、广东、四川、贵州、云南、西藏等地。全株入药，有清热解毒、凉血、止痢功用。

15 蛇莓 *Duchesnea indica* (Andr.) Focke

蛇莓属

多年生草本。根茎短，粗壮；匍匐茎多数，有柔毛。小叶片倒卵形至菱状长圆形；叶柄有柔毛；托叶窄卵形至宽披针形。花单生叶腋；花梗有柔毛；萼片卵形，先端锐尖，外面有散生柔毛；副萼片倒卵形；花瓣倒卵形，黄色，先端圆钝；心皮多数，离生；花托在果期膨大，海绵质，鲜红色，外面有长柔毛。瘦果卵形，光滑或具不显明凸起，鲜时有光泽。花期 6～8 月，果期 8～10 月。见于各校区花园、绿地。全国各地都有分布。全草药用，能散瘀消肿、收敛止血、清热解毒；茎叶捣敷治疗疮有特效，亦可敷蛇咬伤、烫伤、烧伤；果实煎服能治支气管炎。

16 苹果 *Malus pumila* Mill.

苹果属

落叶乔木。小枝短而粗，圆柱形，幼嫩时密被绒毛，老枝紫褐色，无毛；冬芽卵形，密被短柔毛。叶片椭圆形、卵形至宽椭圆形，边缘具圆钝锯齿；叶柄被短柔毛；托叶草质，披针形，密被短柔毛。伞房花序，生于小枝顶端，花梗密被绒毛；苞片膜质，线状披针形；萼筒外面密被绒毛，萼片三角披针形或三角卵形，内外两面均密被绒毛；花瓣倒卵形，白色，含苞未放时带粉红色。果实扁球形，先端常有隆起，萼片宿存。花期 5 月，果期 7～10 月。见于河大路校区、七一路校区栽培。原产欧洲及亚洲中部，栽培历史已久，全世界温带地区均有种植。花可观赏；果可食用。

17 海棠花 ***Malus spectabilis*** **(Ait.) Borkh.**

苹果属

落叶乔木。叶椭圆形至长椭圆形；叶柄具短柔毛，托叶膜质，窄披针形。花 4～6 组成近伞形花序；花瓣白色，花蕾中呈粉红色；雄蕊 20～25；花柱 5，基部有白色绒毛。果近球形，黄色，有宿存萼片，基部不下陷，柄洼隆起；果柄细长，近顶端肥厚。花期 4～5 月，果期 8～9 月。见于河大路校区博物馆、就业指导中心等区域花园内栽培。我国特有植物，多生长在海拔 50～2000 m 平原和山地，现已人工引种栽培。我国著名观赏树种；果可食用。

18 西府海棠 *Malus × micromalus* Makino

苹果属

小乔木，树枝直立性强。小枝细弱圆柱形，嫩时被短柔毛，老时脱落，紫红色或暗褐色，具稀疏皮孔。叶片长椭圆形或椭圆形，先端急尖或渐尖，基部楔形稀近圆形，边缘有尖锐锯齿，嫩叶被短柔毛，背面较密，老时脱落。伞形总状花序，花 4～7 集生于小枝顶端；花瓣近圆形或长椭圆形，基部有短爪，粉红色。果实近球形，红色，萼片多数脱落，少数宿存。花期 4～5 月，果期 8～9 月。广见于各校区花园或行道两侧。产辽宁、河北、山西、山东、陕西、甘肃、云南等地。西府海棠为常见栽培果树及观赏树，树姿直立，花朵密集；果味酸甜，可供鲜食及加工用。

19 皱皮木瓜 *Chaenomeles speciosa* (Sweet) Nakai

木瓜属

落叶灌木，高达 2 m。枝条直立开展，有刺；小枝圆柱形，微屈曲，无毛，紫褐色或黑褐色，有疏生浅褐色皮孔。叶片卵形至椭圆形，稀长椭圆形；花先叶开放，3～5簇生于两年生老枝上，花瓣猩红色，稀淡红色或白色。果实球形或卵球形，黄色或带黄绿色，有稀疏不显明斑点，味芳香；萼片脱落，果梗短或近于无梗。花期 3～5 月，果期 9～10 月。见于河大路校区第九教学楼南侧等区域花园内。我国分布于陕西、甘肃、四川、贵州、云南、广东等地。皱皮木瓜集药用、食用、保健、观赏价值于一身，是具有重大开发价值的珍品水果。

20 沙梨 ***Pyrus pyrifolia* Nakai.**

梨属

落叶乔木。单叶，互生，叶椭圆形或卵形，先端尖长，基部圆形或近心形，边缘有锯齿或全缘。伞形总状花序；萼片三角状卵形；花白色。果实近球形，果皮浅褐色，有浅色斑点，果梗较长，萼片脱落。花期4月，果期8月。见于河大路校区北院理化分析中心东侧栽培。我国河南、江苏、浙江、上海、安徽、江西、湖北、湖南、福建、四川、广西等地均有栽培。木材坚硬细致，材质优良；果实食用，不仅味美汁多，甜中带酸，而且营养丰富。

21 山桃 ***Amygdalus davidiana* (Carr.) C. de Vos**

桃属

落叶乔木，树冠开展，树皮暗紫色，光滑。小枝细长，直立，幼时无毛，老时褐色。叶片卵状披针形，两面无毛，叶边具细锐锯齿；叶柄无毛，常具腺体。花单生；花梗极短或几无梗；花萼无毛，萼片卵形至卵状长圆形，紫色；花瓣倒卵形或近圆形，粉红色；雄蕊多数；子房被柔毛。果实近球形，淡黄色，外面密被短柔毛；果肉薄而干，不可食，成熟时不开裂；核球形或近球形，两侧不压扁，表面具纵、横沟纹和孔穴，与果肉分离。花期3～4月，果期7～8月。见于各校区花园、绿地等区域栽培。我国分布于山东、河北、河南、山西、陕西、甘肃、四川、云南等地，生于山坡、山谷沟底或荒野疏林及灌丛。山桃在华北地区主要用作桃、梅、李等果树的砧木，也可供观赏；木材质硬而重，可做各种细工及手杖；果核可做玩具或念珠；种仁可榨油供食用。

22 桃 *Amygdalus persica* L.

桃属

落叶乔木。树冠开展，树皮暗紫色，光滑；小枝细长，直立，幼时无毛，老时褐色。叶片长圆披针形、椭圆披针形或倒卵状披针形，表面无毛，背面脉腋间具少数短柔毛或无毛，叶边具细锯齿或粗锯齿，齿端具腺体或无腺体。花单生，先叶开放；萼片卵形至长圆形，顶端圆钝，外被短柔毛；花瓣长圆状椭圆形至宽倒卵形，粉红色；雄蕊多数，花柱几与雄蕊等长或稍短。果实卵形、宽椭圆形或扁圆形，淡绿白色至橙黄色，外面密被短柔毛，稀无毛，果梗短而深入果洼。花期 3～4 月，果期 7～9 月。见于河大路校区第一教学楼北侧公园、北院临近马路花园等区域栽培。原产我国，各地广泛栽培；世界各地均有栽植。果实可食；花可观赏。

23 红花碧桃 *Amygdalus persica* L. var. *persica* f. *rubro-plena* Schneid.

桃属

落叶乔木。芽 2～3，并生，中间的芽为叶芽，其余为花芽。叶椭圆披针形，边缘有

较密的锯齿；叶柄具腺点。花常单生，先叶开放；萼筒钟状；萼片卵圆形；花瓣粉红色。核果近球形，表皮被绒毛，核表面具沟和皱纹。花期4～5月，果期6～9月。见于各校区栽培。原产我国，各地广泛栽培。果可供生食或加工用；核仁可食，并供药用。

24 榆叶梅 *Amygdalus triloba* (Lindl.) Ricke

桃属

落叶灌木，稀小乔木。嫩枝无毛或微被毛。叶宽卵形至倒卵圆形，先端渐尖，常3裂，边缘具重锯齿，表面具稀疏毛或无毛，背面被短柔毛；叶柄有短柔毛。花1～2，先叶开放；萼筒宽钟形，萼片有细锯齿；花瓣粉红色；雄蕊多数，子房密被短柔毛。核果近球形，红色，被毛；果肉薄，成熟时开裂，核具厚硬壳。花期3～4月，果期5～6月。见于各校区楼前花园等区域栽培。分布于我国黑龙江、山西、山东等地。观赏植物。

25 杏 *Armeniaca vulgaris* Lam.

杏属

落叶乔木。小枝褐色或红紫色。叶片卵圆形，先端尾尖，边缘钝锯齿；叶柄近顶端处有 2 腺体。花单生，先叶开放；萼筒圆筒形，紫红绿色；花瓣白色或浅粉红色。核果球形，黄白色至黄红色，常具红晕。花期 4～5 月，果期 6～7 月。见于河大路校区南院篮球场南侧花园等区域栽培。我国北方各地普遍栽培，尤以华北、西北和华东地区种植较多。花可观赏；果可食用。

26 李 *Prunus salicina* Lindl.

李属

多年生落叶乔木。树冠广圆形，树皮灰褐色，起伏不平；老枝紫褐色或红褐色，

无毛。叶片长圆倒卵形、长椭圆形，稀长圆卵形，先端渐尖，基部楔形，边缘有圆钝重锯齿。花通常 3 朵并生；萼片长圆卵形，先端急尖或圆钝，边有疏齿，与萼筒近等长，萼筒和萼片外面均无毛，内面在萼筒基部被疏柔毛；花瓣白色，长圆倒卵形，有明显带紫色脉纹，着生于萼筒边缘。核果球形、卵球形或近圆锥形，顶端微尖，基部有纵沟，外被蜡粉。花期 4～5 月，果期 7～8 月。见于河大路校区北院花园栽培。分布于我国辽宁、吉林、陕西、甘肃、河南、山东、山西、贵州、湖南、湖北、江西、江苏、安徽、云南、四川、广东、广西等地。果可鲜食；核仁入药，有润肠利水功效。

27 紫叶李 *Prunus cerasifera* **Ehrh. f.** *atropurpurea* **(Jacq.) Rehd.**

李属

落叶灌木或小乔木。多分枝，枝条细长，开展，暗灰色，有时有棘刺。叶片椭圆形、卵形或倒卵形，极稀椭圆状披针形。花 1，稀 2；萼片长卵形，先端圆钝，边有疏浅锯齿；花瓣白色，长圆形或匙形，边缘波状，基部楔形。核果近球形或椭圆形，黄色、红色或黑色，微被蜡粉，具有浅侧沟，粘核；核椭圆形或卵球形，先端急尖，浅褐带白色，表面平滑或粗糙或有时呈蜂窝状。花期 4 月，果期 8 月。见于河大路校区南院机动车入口、裕华东路医学部校区行道旁等区域栽培。原产亚洲西南部，我国华北及其以南地区广为种植。叶常年紫红色，著名观叶树种，孤植群植皆宜，能衬托背景。

28 毛叶山樱花 *Cerasus serrulata* G. Don ex London var. *pubescens* (Makino) Yu et Li

樱属

落叶乔木，树皮灰褐色或灰黑色。小枝灰白色或淡褐色，无毛。叶片卵状椭圆形或倒卵椭圆形，先端渐尖，基部圆形，边有渐尖单锯齿及重锯齿，表面深绿色，无毛，

背面淡绿色，短柔毛；托叶线形边有腺齿，早落。花序伞房总状或近伞形；总苞片褐红色，倒卵长圆形；苞片褐色或淡绿褐色，边有腺齿；萼片三角披针形，先端渐尖或急尖；花瓣白色，稀粉红色，倒卵形。核果球形或卵球形，紫黑色。花期 4～5 月，果期 6～7 月。常见于校园行道两侧栽培。分布于我国黑龙江、辽宁、山西、陕西、河北、山东、浙江、江苏等地，生于山坡林中或栽培，供观赏。

29 日本晚樱 *Cerasus serrulata* (Lindl.) G. Don ex London var. *lannesiana* (Carri.) Makino

樱属

落叶乔木，树皮银灰色，有锈色唇形皮孔。叶片椭圆状卵形、长椭圆形至倒卵形，纸质，具有重锯齿，叶柄上有一对腺点，托叶有腺齿。伞房花序总状或近伞形，有花 2～3；总苞片褐红色，倒卵长圆形，外面无毛，内面被长柔毛；苞片褐色或淡绿褐色，边有腺齿；花梗无毛或被极稀疏柔毛；萼片三角披针形，先端渐尖或急尖；花瓣有单瓣、半重瓣至重瓣之别，花瓣粉色，倒卵形，先端下凹；雄蕊多数；花柱无毛。核果球形或卵球形，紫黑色。花期 4～5 月，果期 6～7 月。各校区花园内均有栽培。引自日本，我国各地庭园栽培，供观赏。

三十一、豆科 Leguminosae

01 合欢 *Albizia julibrissin* Durazz.

合欢属

落叶乔木，树冠开展；小枝有棱角。托叶线状披针形，早落；二回羽状复叶，互生。头状花序于枝顶排成圆锥花序；花粉红色，花萼管状；雄蕊多数，淡红色，基部合生，花丝细长；子房上位，花柱几与花丝等长。荚果条形，扁平，不裂，嫩荚有柔毛，老荚无毛。花期6～7月，果期8～10月。见于校园栽培。产我国东北至华南及西南各地，全国各地多有栽培。合欢可植于庭园水池畔或作绿荫树、行道树；木材可供制家具、农具、建筑、造船之用；树皮及花可供药用，有安神解郁、活血止痛、开胃利气的功效；合欢树阴阳有别，被称为敏感性植物，被列为地震观测的首选树种。

02 皂荚 *Gleditsia sinensis* Lam.

皂荚属

落叶乔木，刺圆柱形，常分枝。叶为一回羽状复叶；小叶3～9对，卵状披针形或长圆形。花杂性，黄白色，组成总状花序。荚果带状，肥厚，劲直，两面膨起；果瓣革质，褐棕或红褐色，常被白色粉霜，有多数种子；或荚果短小，稍弯呈新月形，俗称“猪牙皂”，内无种子。花期3～5月，果期5～12月。见于河大路校区熙园宿舍北侧、第一教学楼北侧花园等区域栽培。分布于我国多地，常栽培于庭院或宅旁。木材坚硬，为车辆、家具用材；荚果煎汁可代肥皂用以洗涤丝毛织物；嫩芽油盐调食，其子煮熟糖渍可食；荚、子、刺均入药，有祛痰通窍、镇咳利尿、消肿排脓、杀虫治癣之效。

03 紫荆 *Cercis chinensis* Bge.

紫荆属

落叶乔木或灌木。树皮和小枝灰白色。叶纸质，近圆形或三角状圆形，先端急尖，

基部浅至深心形，两面通常无毛。花紫红色或粉红色，簇生老枝和主干，常先于叶开放，但嫩枝或幼株上的花与叶同时开放；龙骨瓣基部具深紫色斑纹。荚果扁狭长形，绿色，先端急尖或短渐尖，喙细而弯曲，基部长渐尖；种子阔长圆形，黑褐色，光亮。花期 3～4 月，果期 8～10 月。常见校园栽培。产地分布北至河北，南至广东、广西，西南至云南、四川，西北至陕西，东至浙江、江苏和山东等地。紫荆宜栽于庭院、草坪、岩石及建筑物前，为园林绿化树种；树皮入药，有清热解毒、活血行气、消肿止痛的功效；花可治风湿筋骨痛；果实（紫荆果）可用于治疗咳嗽、孕妇心痛。

04 槐 *Sophora japonica* (L.) Schott

槐属

落叶乔木。奇数羽状复叶，小叶 7～17，对生或近互生，卵状披针形或卵状长圆形，背面灰白色，初被疏短柔毛，旋变无毛；小托叶 2，钻状。顶生圆锥花序；花黄白

色，旗瓣具短爪，有紫脉。荚果念珠状，不开裂，先端有细尖喙状物。花期 6～7 月，果期 8～10 月。常见于校园教学区及宿舍区栽培。原产我国，全国各地均有分布。树形优美，为庭园、行道绿化树种，也是重要蜜源植物；木材可供建筑及家具用；花和荚果可入药，有清凉收敛、止血降压的作用；叶和根皮有清热解毒的作用；种仁含淀粉，可供酿酒和作糊料、饲料。

05 龙爪槐 *Sophora japonica* (L.) Schott var. *japonica* f. *pendula* Loud.

槐属

落叶乔木，树皮灰褐色，具纵裂纹。粗枝扭转斜向上伸，小枝下垂。羽状复叶，叶柄基部膨大，小叶纸质，先端具小尖头。圆锥花序金字塔形，花冠白色或淡黄色。荚果串珠状；种子间缢缩不明显。花期 7～9 月，果期 10 月。见于河大路校区南院花园、校园绿地等区域。全国各地广泛栽培。龙爪槐树冠优美，是行道树和优良蜜源植物；叶、花和荚果可入药，有清凉收敛、止血降压的作用；叶和根皮有清热解毒作用，可治疗疮毒；木材可供建筑用。

06 刺槐 *Robinia pseudoacacia* L.

刺槐属

落叶乔木。树皮灰褐色至黑褐色，具托叶刺。羽状复叶，叶轴上面具沟槽。总状花序下垂，芳香；花冠白色。荚果扁平，褐色，具红褐色斑纹；种子褐色。花期5～7月，果期8～10月。见于校园道路两侧及花园栽培。原产北美洲，我国各地广泛栽植。刺槐供观赏，栽为行道树，也是优良水土保持树种；木质坚硬可做枕木、农具；叶为家畜饲料；刺槐花可食用，是蜜源植物；幼芽及幼叶有止血的功效。

07 毛洋槐 *Robinia hispida* L.

刺槐属

落叶灌木。幼枝密被紫红色硬腺毛及白色曲柔毛，二年生枝密被褐色刚毛。叶轴被刚毛及白色短曲柔毛；小叶 5～7（8），椭圆形、卵形、阔卵形至近圆形。总状花序腋生，花 3～8，苞片卵状披针形；花萼紫红色，斜钟形；花冠红色至玫瑰红色，花瓣具柄，旗瓣近肾形；雄蕊二体；子房近圆柱形，密布腺状凸起，沿缝线微被柔毛，柱头顶生。荚果线形，果颈短，有种子 3～5。花期 5～6 月，果期 7～10 月。见于校园教学区绿地等区域栽培。原产北美洲，广泛分布于我国东北南部、华北、华东、华中、西南等地区。树冠浓密，花大，色艳丽，散发芳香，适于孤植、列植、丛植在疏林、高速公路及城市主干道两侧等地，观赏价值较高。

08 紫藤 *Wisteria sinensis* (Sims) Sweet

紫藤属

落叶攀缘缠绕性大藤本植物。嫩枝暗黄绿色密被柔毛。一回奇数羽状复叶互生，小叶对生，有小叶 7～13，卵状椭圆形，先端长渐尖或突尖，叶表无毛或稍有毛，叶背具疏毛或近无毛。侧生总状花序呈下垂状；总花梗、小花梗及花萼密被柔毛；花紫色或深紫色，花瓣基部有爪；雄蕊 2 体（9+1）。荚果扁圆条形，密被白色绒毛；种子扁球形、黑色。花期 4～5 月，果熟 6～8 月。见于校园廊道棚架等区域栽培。我国陕西、河南、广西、贵州、云南等地均有分布。花大，美丽，可供观赏；紫藤花可提炼芳香油；茎皮及花入药，能解毒驱虫、止吐泻；种子含金雀花碱，有毒。在河南、山东、河北一带，人们常采紫藤花蒸食，清香味美；北京的“紫萝饼”和一些地方的“紫藤糕”“紫藤粥”“凉拌葛花”“炒葛花菜”等，都是加入了紫藤花做成的。

09 望江南 ***Senna occidentalis* L.**

决明属

灌木或半灌木。叶互生，双数羽状复叶；叶柄上面近基部有一个腺体；小叶6～10，对生，卵状披针形，边缘有细毛。伞房状总状花序顶生或腋生，花少数；萼筒短，裂片5；花瓣5，黄色；雄蕊10，上面3个不育，最下面的2个雄蕊花药较大。荚果条形，扁，近无毛，沿缝线边缘增厚，中间棕色，边缘淡黄棕色。花期4～8月，果期6～10月。见于裕华东路医学部校区草药园。原产美洲热带地区，现广布于全世界热带和亚热带地区，分布于我国东南部、南部及西南部各地。在医药上常将望江南用作缓泻剂，但有微毒，牲畜误食过量可以致死。

10 白车轴草 ***Trifolium repens* L.**

车轴草属

多年生草本。基部多分枝，匍匐茎实心，光滑细软，茎节处着地生根。掌状三出复叶，叶柄细长，自根茎或匍匐茎茎节部位长出；小叶倒卵形，中部有倒“V”形淡色斑。头状花序生于叶腋，花柄长；蝶形花冠，白色或粉红色，花托杯状有绒毛。荚果细小而长，每荚有种子 3～4，种子小，心形，黄色或棕黄色。花果期 5～10 月。见于校园绿地林下。我国各地常见栽培。白车轴草是优质豆科牧草，茎叶细软，叶量丰富，粗蛋白质含量高，粗纤维含量低，既可放养牲畜，又可饲喂草食性鱼类；城市绿化建植草坪的优良植物，也被广泛用于机场、高速公路、江堤湖岸等固土护坡绿化。

11 糙叶黄耆 ***Astragalus scaberrimus*** **Bge.**

黄耆属

多年生草本，密被白色伏贴毛。根茎短缩，多分枝，木质化。奇数羽状复叶，椭圆形或近圆形，基部宽楔形或近圆形，两面密被伏贴毛。总状花序基部腋生，花 3～5，白色或淡黄色。荚果披针状长圆形，微弯，具短喙。花期 4～8 月，果期 5～9 月。见于七一路校区入口绿地等区域。产我国东北、华北、西北各地。糙叶黄耆可作牧草及水土保持植物。

12 大花野豌豆 *Vicia bungei* Ohwi

野豌豆属

一年生、二年生缠绕或匍匐伏草本植物，高可达 50cm。茎有棱，多分枝。羽状复叶顶端卷须有分枝；托叶半箭头形；小叶片长圆形或狭倒卵长圆形，先端平截微凹，稀齿状，表面叶脉不甚清晰，背面叶脉明显被疏柔毛。总状花序长于叶或与叶轴近等长；萼钟形，被疏柔毛，萼齿披针形；花冠红紫色或金蓝紫色，旗瓣倒卵披针形，翼瓣短于旗瓣，长于龙骨瓣；子房柄细长，沿腹缝线被金色绢毛，花柱上部被长柔毛。荚果扁长圆形，种子球形。花期 4～5 月，果期 6～7 月。常见于校园绿地、路旁。分布于我国东北、华北、西北及西南等地区。除饲用外，大花野豌豆富含氮、磷、钾等肥分元素，可作绿肥利用；全草入药，花可治中风后口眼歪斜、吐血、咯血、肺热咳嗽等症；种仁治水肿；果荚治脓疮、水火烫伤；叶入药能治无名肿毒和蛇咬伤等。

13 米口袋 *Gueldenstaedtia multiflora* Bge.

米口袋属

多年生草本。主根圆锥状。茎缩短，在根茎上丛生。奇数羽状复叶丛生于茎顶端；小叶 9～12，椭圆形到长圆形，卵形到长卵形，有时披针形，顶端小叶有时倒卵形，早生叶被长柔毛，后生叶毛稀疏，甚几至无毛。伞形花序顶端有花 6～8；花萼钟状，被贴伏长柔毛；花冠紫红色。荚果圆筒状，被长柔毛 ；种子三角状肾形。花期 4～5 月，果期 5～6 月。见于校园绿地、路旁。我国河北、山东、江苏、湖北、陕西等地均有分布，生于山坡、草地、田边或路旁。全草入药，有清热解毒功效。

14 紫苜蓿 *Medicago sativa* L.

苜蓿属

多年生草本。茎直立、丛生以至平卧，四棱形，无毛或微被柔毛，枝叶茂盛。羽状三出复叶；小叶长卵形、倒长卵形至线状卵形，叶缘上部有锯齿；托叶大，卵状披针形。总状花序腋生，花较密集，近头状；花冠蓝紫色或紫色，长于花萼。荚果螺旋形，先端有喙。花果期 5～8 月。见于校园绿地、路边、宅旁、荒地。我国广泛引种栽培。紫苜蓿为优良饲料和牧草，亦可作绿肥；根可入药。

15 黄香草木樨 *Melilotus officinalis* (L.) Desr.

草木犀属

一年生或两年生草本，有香气。茎直立。羽状复叶；小叶 3，边缘具疏齿。总状花序腋生；花萼钟状，萼齿三角形；花冠黄色，旗瓣与翼瓣近等长。荚果椭圆形，网脉明显；种子 1。花期 5～9 月，果期 6～10 月。见于校园绿地、路边、宅旁、荒地。我国东北、华北、西北等地区有分布。黄香草木樨为优良牧草和饲料，也可作绿肥及蜜源植物。

三十二、千屈菜科 Lythraceae

01 紫薇 *Lagerstroemia indica* L.

紫薇属

落叶灌木或小乔木。树皮光滑，幼枝通常有狭翅。叶对生或近对生，具短柄。圆锥花序顶生；花瓣紫红色或鲜红色，先端6浅裂。蒴果广椭圆形，6瓣裂，基部具宿存花萼；种子具翅。花期6～9月，果期9～12月。见于校园花园、空旷地栽培。原产亚洲、大洋洲北部等地，全国各地均有栽培。树姿优美，树干光滑，花色艳丽，花期长，适宜作庭院观赏树和街道绿化树；根、皮、叶、花皆可入药。

02 银薇 *Lagerstroemia indica* L. f. *alba* (Nichols.) Rehd.

紫薇属

紫薇的变型。落叶灌木或小乔木。树皮光滑，幼枝通常有狭翅。叶对生或近对生，具短柄。圆锥花序顶生；花白色，先端6浅裂。蒴果广椭圆形，6瓣裂，基部具宿存花萼；种子具翅。花期6～9月，果期9～12月。见于河大路校区南院操场等区域栽培。原产亚洲、大洋洲北部等地，全国各地均有栽培。银薇花色美丽，花期较长，栽培供观赏；树皮和叶含单宁；木材坚硬、耐腐，可作农具、家具、建筑等用材；树皮、叶及花为强泻剂；根和树皮煎剂可治咯血、吐血、便血。

03 千屈菜 *Lythrum salicaria* L.

千屈菜属

多年生草本，根木质状，粗壮。茎直立，多分枝，四棱形或六棱形，被白色柔毛或变无毛。下部叶对生，上部叶互生，广披针形或狭披针形。总状花序顶生，花两性，数朵簇生叶状苞叶内，具短梗；萼筒状，萼齿三角形，齿间有尾状附属物；花瓣6，紫色；雄蕊12，6长6短，排成两轮；子房上位，柱头柱状。蒴果。花果期6～10月。见于裕华东路医学部校区草药园。分布于全国各地，亦有栽培。全草入药，有清热解毒、凉血止血之效；花卉植物，华北、华东常栽培于水边或作盆栽，供观赏。

三十三、石榴科 Punicaceae

石榴 ***Punica granatum*** **L.**

石榴属

小乔木或灌木。小枝顶端常变成针刺。叶长圆状披针形，全缘，在长枝上对生，在短枝上簇生。花常红色，稀白色、黄色；萼片红色，革质，外面有乳状凸起。浆果褐黄色至红色，有宿存花萼；种子具肉质外种皮和坚硬的内种皮。花期 6～7 月，果期 9～10 月。见于河大路校区北院通学楼旁绿地栽培。原产中亚及西亚，我国各地均有栽培，以陕西临潼最为著名。果实为优良水果；种子可食；花供观赏；根皮、树皮及果皮均含鞣质，可提取栲胶；果皮、根及花均可入药，有收敛止泻、杀虫、止血的功效。

三十四、山茱萸科 Cornaceae

山茱萸 *Cornus officinalis* Sieb. et Zucc.

山茱萸属

落叶乔木或灌木。树皮灰褐色；小枝细圆柱形，无毛或稀被贴生短柔毛。叶对生，纸质，卵状披针形或卵状椭圆形；叶柄细圆柱形，上面有浅沟，下面圆形，稍被贴生疏柔毛。伞形花序生于枝侧，卵形，厚纸质至革质；总花梗粗壮，微被灰色短柔毛；花小，两性，先叶开放；花瓣 4，舌状披针形，黄色。核果长椭圆形，红色至紫红色。花期 3～4 月，果期 9～10 月。见于裕华东路医学部校区草药园栽培。分布于我国山西、陕西、甘肃、山东、江苏、浙江、安徽、江西、河南、湖南等地。果实称为“萸肉”，俗名枣皮，供药用，为收敛性强壮药，有补肝肾止汗功效。

三十五、卫矛科 Celastraceae

01 扶芳藤 *Euonymus fortunei* (Turcz.) Hand.-Mazz.

卫矛属

常绿藤本灌木，枝上常生有不定根。叶对生，叶片薄革质，长卵形或椭圆状倒卵形，先端尖或短渐尖，基部阔楔形，边缘具细钝锯齿，表面叶脉稍凸起，背面叶脉甚明显，两面光滑。聚伞花序腋生；花绿白色。蒴果近球形，粉红色；种子卵形，棕红

色，外被橘红色假种皮。花期6~7月，果期10月。见于河大路校区北院第一教学楼后花园。分布于我国江苏、浙江、安徽、江西、湖北、湖南、四川、陕西等地。扶芳藤生长旺盛，终年常绿，是庭院中常见地面覆盖植物，适宜点缀在墙角、山石等；茎藤入药。

02 冬青卫矛 ***Euonymus japonicus*** **Thunb.**

卫矛属

常绿灌木，小枝4棱，具细微皱凸。叶革质，有光泽，倒卵形或椭圆形，先端圆阔或急尖，基部楔形，边缘具有浅细钝齿。聚伞花序5~12花，分枝及花序梗均扁壮；花白绿色，花瓣近卵圆形。蒴果近球状，淡红色；种子每室1，顶生，椭圆状，假种皮橘红

色，全包种子。花期6～7月，果熟期9～10月。常见于校园教学区、宿舍区及运动场周边绿地。我国南北各地均有栽培。冬青卫矛用于观赏或作绿篱。

03 白杜（丝棉木）*Euonymus maackii* Rupr.

卫矛属

落叶小乔木。叶对生，叶卵状椭圆形、卵圆形或窄椭圆形，边缘具细锯齿。二歧聚伞花序，花3～7；花4数，淡白绿色或黄绿色；雄蕊花药紫红色。蒴果粉红色，倒圆锥形，4浅裂；种子淡棕色，有橘红色假种皮。花期5～6月，果期9～10月。见于河大路校区宿舍区栽培。广布全国各地，长江以南以栽培为主。白杜枝叶秀丽，红果密集，常作庭阴树和行道树；树皮含硬橡胶；种子含油率达40%以上，榨油可作工业用油；果实入药，可治腰膝痛。

三十六、黄杨科 Buxaceae

01 大叶黄杨 *Buxus megistophylla* Levl.

黄杨属

常绿灌木或小乔木。小枝近四棱形。单叶对生；叶片厚革质，倒卵形，长圆形至长椭圆形，先端钝尖，边缘具细锯齿，基部楔形或近圆形，表面深绿色，背面淡绿色。聚伞花序腋生，一至二回二歧分枝，每分歧有花5～12；花白绿色，4数；花盘肥大。蒴果扁球形，淡红色，具4浅沟，果梗四棱形；种子棕色，有橙红色假种皮。花期6～7月，果期9～10月。校园各个区域广有栽培。全国各地多栽培作绿篱。

02 小叶黄杨 *Buxus sinica* (Rehd. et Wils.) Cheng subsp. *sinica* var. *parvifolia* M. Cheng

黄杨属

常绿灌木，生长低矮。枝条密集，枝圆柱形，小枝四棱形。叶薄革质，阔椭圆形或阔卵形，叶片无光或光亮，侧脉明显凸出。头状花序，腋生，密集，花序被毛；苞片阔卵形；雄花无花梗，外萼片卵状椭圆形，内萼片近圆形，无毛；雌花子房较花柱稍长，无毛。蒴果近球形，无毛。花期 3 月，果期 5～6 月。见于校园教学区栽培。分

布于我国安徽、浙江、福建、江西、湖南、湖北、四川、广东、广西等地。小叶黄杨萌芽力强，耐修剪，可作绿篱或在花坛边缘栽植，也可孤植点缀于假山和草坪之间。

三十七、大戟科 Euphorbiaceae

01 铁苋菜 *Acalypha australis* L.

铁苋菜属

一年生草本，全株被短毛。茎直立或倾斜，自基部分枝，具棱条。叶互生，先端渐尖，基部广楔形，边缘有钝粗齿，脉上伏生硬毛。穗状花序生叶腋，雌雄花同花序；雌花苞片1～2（4），卵状心形，苞腋具雌花1～3；雄花生花序上部，苞腋具雄花5～7，簇生；雄蕊7～8；雌花萼片3，花柱3。蒴果具3个分果爿。花果期4～12月。见于校园各区域。分布几遍全国。全草药用，有清热解毒、利水消肿、止痢止血的功效。

02 地锦 *Euphorbia humifusa* Willd

大戟属

一年生草本。茎匍匐，基部以上多分枝，稀先端斜上伸展，基部常红色或淡红色，被柔毛。叶对生，矩圆形或椭圆形；叶面绿色，叶背淡绿色，有时淡红色，两面被疏柔毛；叶柄极短。花序单生叶腋。蒴果三棱状卵球，成熟时分裂为3个分果爿，花柱宿存；种子三棱状卵球形，灰色，每个棱面无横沟，无种阜。花期6～9月，果期7～10月。见于校园绿地、路旁、荒地。除广东、广西外，分布几遍全国。全草入药，有清热解毒、止血、利尿、杀虫等功效。

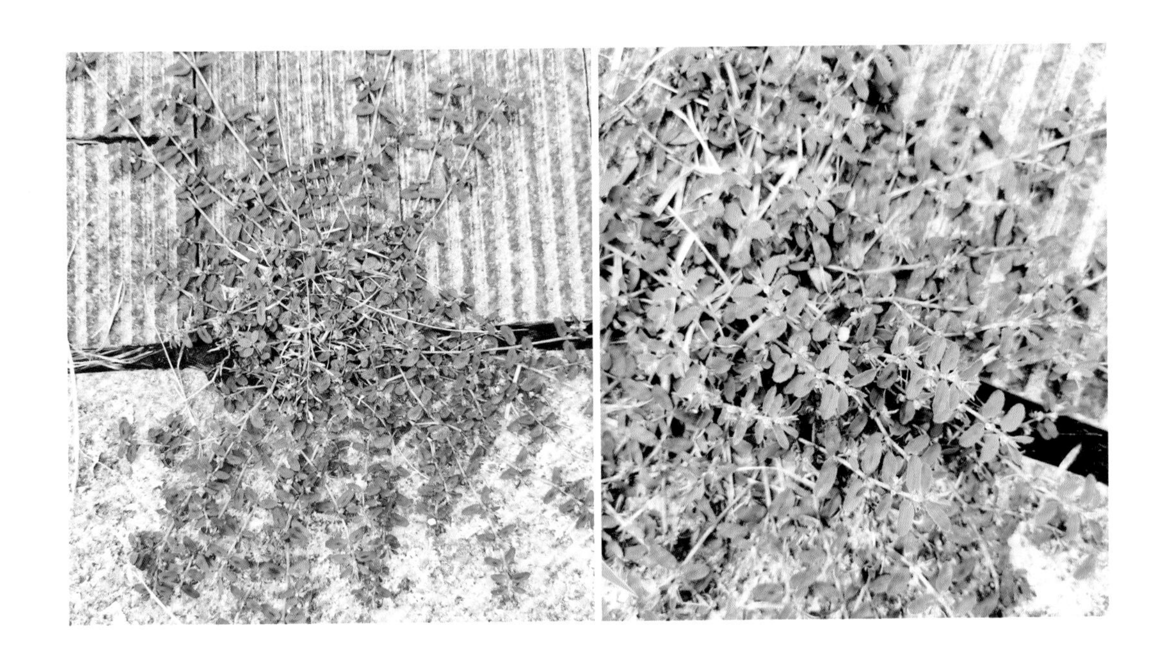

03 斑地锦 *Euphorbia maculata* L.

大戟属

一年生草本。根纤细，茎匍匐。叶对生，长椭圆形至肾状长圆形；叶面绿色，中部常具一个长圆形紫色斑点，叶背淡绿色或灰绿色，新鲜时可见紫色斑。花序单生叶腋，雄花微伸出总苞外；雌花被柔毛；花柱短，近基部合生。蒴果三角状卵形，被稀疏柔毛，成熟时易分裂为3个分果爿；种子卵状四棱形，灰色或灰棕色，每个棱面具5个横沟。花果期4～9月。见于河大路校区绿地等区域。原产北美洲，归化于欧亚大陆，我国分布于江苏、江西、浙江、湖北、河南、河北和台湾。斑地锦入药具有止血、清湿热、通乳功效。

三十八、鼠李科 Rhamnaceae

01 枣 *Ziziphus jujuba* Mill.

枣属

落叶小乔木，稀灌木，树皮褐色或灰褐色，枝呈“之”字形弯曲。叶卵形、卵状椭圆形或卵状矩圆形，表面深绿色，无毛，背面浅绿色，无毛或仅沿脉多少被疏微毛，基出3脉；托叶刺纤细，后期常脱落。花黄绿色，两性，无毛，单生或密集成腋生聚伞花序。核果矩圆形或长卵圆形，成熟时红色，后变红紫色，中果皮肉质，厚，味甜；种子扁椭圆形。花期5～7月，果期8～9月。见于河大路校区南院主楼西侧等区域栽培。全国各地栽培。枣的果实含丰富维生素C、维生素P，除供鲜食外，常可制成蜜枣、红枣、熏枣、黑枣、酒枣及牙枣等蜜饯和果脯，还可制作枣泥、枣面、枣酒、枣醋等，为食品工业原料。

02 酸枣 *Ziziphus jujuba* Mill. var. *spinosa* (Bge.) Hu ex H. F. Chow

枣属

枣的变种。落叶灌木或小乔木，小枝呈“之”字形弯曲，紫褐色。托叶刺有两种，一种直伸，另一种常弯曲。叶互生，叶片椭圆形至卵状披针形，边缘有细锯齿，基出3脉。花黄绿色，2～3簇生于叶腋。核果小，近球形或短矩圆形，熟时红褐色，近球形或长圆形，味酸，核两端钝。花期6～7月，果期8～9月。见于校园教学区等区域。分布于我国辽宁、内蒙古、山东、山西、河南、陕西、甘肃、宁夏等地。种仁入药；果实富含维生素C，可生食或制果酱；花可提取花蜜。

三十九、葡萄科 Vitaceae

01 葡萄 *Vitis vinifera* L.

葡萄属

木质藤本植物。小枝圆柱形，有纵棱纹，无毛或被稀疏柔毛。卷须2叉分枝；叶卵圆形，浅裂或中裂，表面绿色，背面浅绿色，无毛或被疏柔毛。圆锥花序密集或疏散，与叶对生，花瓣5；花盘发达。果实球形或椭圆形；种子倒卵椭圆形。

花期 4～5 月，果期 8～9 月。见于河大路校区南院等区域栽培。原产亚洲西部，世界各地均有栽培。葡萄为著名水果，可生食或制葡萄干，亦可酿酒，酿酒后的酒脚可提酒食酸；根和藤药用能止呕、安胎。

02 五叶地锦 *Parthenocissus quinquefolia* (L.)Planch.

地锦属

落叶木质攀缘藤木。茎皮红褐色，幼枝淡红色，具 4 棱。卷须与叶对生；掌状 5 小叶，小叶椭圆状卵形至楔状倒卵形，基部常楔状，边缘中部以上有粗齿。圆锥状聚伞花序与叶对生；萼近 5 齿，截形；花瓣 5，黄绿色，顶端合生。果实球形，成熟时蓝黑色。花期 6～8 月，果期 9～10 月。见于河大路等校区围墙区域。原产北美洲，我国东北、华北各地栽培。五叶地锦多用于垂直绿化，也可作地被植物。

四十、无患子科 Sapindaceae

栾树 *Koelreuteria paniculata* Laxm.

栾树属

落叶乔木。小枝具疣点。奇数羽状复叶，小叶对生或互生。聚伞圆锥花序，花淡黄色，中心紫色；花瓣 4，开花时向外反折；萼片 5，有睫毛；子房三棱形。蒴果肿胀，边缘有膜质薄翅 3；种子黑色。花期 6～7 月，果期 8～9 月。见于河大路校区第一教学楼北花园、博物馆西侧、毓秀园等区域。分布于我国北部及中部大部分地区。栾树耐寒耐旱，常栽培作庭园观赏树；木材黄白色，易加工，可制家具；叶可作蓝色染料；花供药用，亦可作黄色染料。

四十一、七叶树科 Hippocastanaceae

七叶树 *Aesculus chinensis* Bge.

七叶树属

落叶乔木，冬芽大，具树脂。掌状复叶对生，小叶5～7，倒卵状长椭圆形至长椭圆状披针形，先端渐尖，基部楔形，边缘具细锯齿。花白色，呈直立密集圆锥花序，近圆柱形，芳香。蒴果黄褐色。花期4～5月，果期9～10月。见于河大路校区等区域栽培。我国河北南部、山西南部、河南北部、陕西南部均有栽培，仅秦岭有野生。七叶树可作行道绿化树和庭园观赏树；木材细密可制造各种器具；种子可作药用，榨油可制造肥皂。

四十二、槭树科 Aceraceae

01 梣叶槭（复叶槭）*Acer negundo* L.

槭属

落叶乔木。树皮灰褐色，浅裂。羽状复叶，小叶卵形至披针状长圆形，边缘常有3～5粗锯齿，顶生小叶偶3裂。雌雄异株，雄株伞房花序多生枝侧；雌株总状花序下垂，无花瓣及花盘。小坚果凸起，翅连同小坚果长3～3.5 cm，张开近70°。花期4～5月，果期6～7月。见于河大路校区通学楼西侧绿地等区域栽培。原产北美洲，全国各地均有引种栽培。梣叶槭是优良蜜源植物，也可作行道树或庭园观赏树；树液可熬制槭糖。

02 五角枫 *Acer pictum* subsp. *mono* (Maxim.) H. Ohashi

槭属

落叶乔木。树皮粗糙，常纵裂，灰色，稀深灰色或灰褐色。叶纸质，基部截形或近于心形，叶片近于椭圆形，常5裂。花多数，杂性，雄花与两性花同株。翅果嫩时紫绿色，成熟时淡黄色。花期5月，果期9月。见于河大路校区南院绿地等区域栽培。

分布于我国东北、华北等地区。树皮纤维良好，可作人造棉及造纸的原料；叶含鞣质，种子榨油，可供工业方面的用途，也可食用。

四十三、漆树科 Anacardiaceae

01 黄栌 *Cotinus coggygria* Scop.

黄栌属

落叶小乔木或灌木。单叶互生，叶卵圆形至倒卵形，两面显著被毛，下面更密，侧脉6～8，顶端常分叉。圆锥花序顶生，花杂性，花黄色；子房1室，具2～3偏生花柱。果序有多数紫绿色羽毛状细长花梗，核果稍歪斜；种子肾形。花期4～5月，果期6～7月。见于河大路校区北院博物馆前花园、南院毓秀园等区域栽培。我国南北均有分布。木材可提取黄色染料；枝、叶入药，能消炎、清湿热；叶秋季变红，美观，北京称之“西山红叶”。

02 黄连木 *Pistacia chinensis* Bge.

黄连木属

落叶乔木。树干扭曲，树皮暗褐色，呈鳞片状剥落；幼枝灰棕色，具细小皮孔，疏被微柔毛或近无毛。偶数羽状复叶互生，叶轴具条纹，被微柔毛，叶柄上面平，被微柔毛。花单性异株，先花后叶；圆锥花序腋生，雄花序排列紧密，雌花序排列疏松。核果倒卵状球形，成熟时紫红色，干后具纵向细条纹。花期 3～4 月，果期 9～10 月。见于裕华东路医学部校区草药园。中国南北各地均有分布。木材鲜黄色，可提黄色染料；材质坚硬致密，可供家具和细工用材；种子榨油可作润滑油或制皂；幼叶可充蔬菜，并可代茶；黄连木也有观赏价值。

四十四、苦木科 Simaroubaceae

臭椿 *Ailanthus altissima* (Mill.) Swingle

臭椿属

落叶乔木，树皮灰色至灰黑色，平滑而有直纹。奇数羽状复叶，小叶纸质，卵状

披针形，先端长渐尖，基部偏斜，两侧各具1～2粗锯齿，齿背有腺体1，叶表面深绿色，背面灰绿色，揉碎后具臭味。圆锥花序顶生；花淡绿色。翅果长椭圆形；种子扁圆形。花期4～5月，果期8～10月。见于河大路校区北院科研楼旁等区域。分布几遍全国。木材可做家具；叶可饲椿蚕；种子可榨油；树皮、根皮和果实可入药。

四十五、蒺藜科 Zygophyllaceae

蒺藜 *Tribulus terrestris* L.

蒺藜属

一年生草本。茎常由基部分枝，平卧地面，被绢丝状柔毛，对生。偶数羽状复叶，对生，全缘，托叶披针形。花腋生，有短梗，花黄色；萼片5，宿存；花瓣5；雄蕊10，生于花盘基部，基部有鳞片状腺体；子房5棱，柱头5裂。果有分果瓣5，果瓣上各有1对长刺和1对短刺。花期5～8月，果期6～9月。见于校园荒地、路旁、绿地。全国各地均有分布。果入药；种子可榨油；茎皮纤维可造纸。

四十六、酢浆草科 Oxalidaceae

黄花酢浆草 *Oxalis pes-caprae* L.

酢浆草属

多年生草本。根茎匍匐，具块茎，地上茎短缩不明显或无地上茎，基部具褐色膜质鳞片。叶多数，基生；无托叶；小叶倒心形，先端深凹陷，基部楔形，两面被柔毛，具紫斑。伞形花序基生，总花梗被柔毛。蒴果圆柱形，被柔毛；种子卵形。花期4～8月，果期6～10月。见于校园绿地。原产南非，我国作为观赏花卉引种。北京、陕西、新疆等地有栽培，常作观赏植物。

四十七、牻牛儿苗科 Geraniaceae

牻牛儿苗 *Erodium stephanianum* Willd.

牻牛儿苗属

多年生蔓生草本。叶对生，叶片轮廓三角状卵形，二回羽状深裂；托叶三角状披针形。伞形花序腋生；花瓣紫红色，倒卵形，等于或稍长于萼片，先端圆形或微凹。

蒴果密被短糙毛；种子褐色，具斑点。花期5～6月，果期7～8月。见于校园绿地或荒地。分布于我国华北、东北、西北等地区。全草入药，强筋骨、祛风活血，并有清热解毒功效；全草也可提取黑色染料。

四十八、凤仙花科 Balsaminaceae

凤仙花 *Impatiens balsamina* L.

凤仙花属

一年生草本。茎粗壮，肉质，直立，不分枝或有分枝，无毛或幼时被疏柔毛，具多数纤维状根，下部节常膨大。叶互生，披针形，基部狭楔形，边缘有锐锯齿；叶柄两侧着生数个有柄腺体。花单生或数朵簇生叶腋；花粉红色或杂色，单瓣或重瓣。蒴果纺锤形，密生灰白色细毛。花期6～9月，果期9～10月。见于河大路校区南院绿地等区域。原产印度东部，我国各地均有栽培。凤仙花栽培供观赏；花及叶可染指甲；全草及种子入药，有活血散淤、利尿解毒等功效；种子可榨油。

四十九、伞形科 Umbelliferae

01 当归 *Angelica sinensis* (Oliv.) Diels

当归属

多年生草本。根圆柱状，分枝，黄棕色，有浓郁香气。茎直立，绿白色或带紫色，有纵深沟纹，光滑无毛。叶三出式2～3回羽状分裂。复伞形花序，密被细柔毛；花白色；花瓣长卵形，顶端狭尖；花柱短，花柱基圆锥形。果实椭圆至卵形。花期6～7月，果期 7～9 月。见于裕华东路医学部校区草药园栽培。产甘肃东南部，其次为云南、四川、陕西、湖北等地。根能补血活血、调经止痛、润肠滑肠。

02 蛇床 *Cnidium monnieri* (L.) Cuss.

蛇床属

一年生草本。根圆锥状，较细长。茎直立或斜上，多分枝，具细纵棱，疏生细柔毛。茎生叶具短柄，叶片卵形至三角状卵形，三出式 2～3 回羽状全裂。复伞形花序顶生；总苞片 6～10，小总苞片多数，边缘具白色细睫毛；小伞形花序具花 15～20；花瓣白色，先端具内折小舌片。双悬果宽椭圆形，果棱具翅。花期 4～7 月，果期 6～10 月。见于河大路校区绿地等区域。分布于我国河北、山东、江苏、浙江、四川等地。果实可入药，有燥湿、杀虫止痒、壮阳之效，也可作芳香原料。

03 野胡萝卜 *Daucus carota* L.

胡萝卜属

二年生草本。茎单生，全体有白色粗硬毛。基生叶薄膜质，长圆形，2～3回羽状全裂，末回裂片线形或披针形，顶端尖锐；茎生叶近无柄，有叶鞘，末回裂片小或细长。复伞形花序，花序梗有糙硬毛；总苞有多数苞片，叶状，羽状分裂，少不裂，裂片线形，结果时外缘伞辐向内弯曲；花通常白色，有时带淡红色。果实圆卵形，棱上有白色刺毛。花期5～7月，果期6～8月。见于河大路校区绿地、荒地或路旁。分布于我国四川、贵州、湖北、江西、安徽、江苏、浙江等地。果实入药，有驱虫作用，又可提取芳香油。

五十、夹竹桃科 Apocynaceae

夹竹桃 *Nerium oleander* L.

夹竹桃属

常绿灌木。嫩枝条具棱，被微毛，老时毛脱落。叶3片轮生，稀对生，革质，窄椭圆状披针形。顶生聚伞花序；花芳香，花萼裂片窄三角形或窄卵形；花冠漏斗状，紫红色、粉红色、橙红色、黄色或白色，单瓣或重瓣；蓇葖果离生。花期几乎全年，夏秋为最盛；果期一般在冬春季，栽培很少结果。见于河大路校区南院毓秀园等区域。全国各地有栽培。花大、艳丽、花期长，常作观赏用；茎皮纤维为优良混纺原料；种子可榨油。叶、树皮、根、花、种子均含有多种苷类，毒性极强，人、畜误食能致死。

五十一、萝藦科 Asclepiadaceae

01 鹅绒藤 *Cynanchum chinense* R. Br.

鹅绒藤属

缠绕草本，全株被短柔毛。茎有白色浆乳汁。叶对生，薄纸质，宽三角状心形，叶面深绿色，叶背苍白色，两面均被短柔毛。伞形两歧聚伞花序腋生；花萼外面被柔毛；花冠白色，裂片长圆状披针形；副花冠二形，杯状，外轮约与花冠裂片等长，内轮略短；花柱顶端 2 裂。蓇葖果双生或仅有 1 个发育；种子长圆形，种毛白色绢质。花期 6～8 月，果期 8～10 月。广布校园各区域。分布于我国辽宁、内蒙古、山西、陕西、宁夏、甘肃、山东、江苏、浙江、河南等地。全株药用，有清热解毒、消积健胃、利水消肿功效。

02 地梢瓜 *Cynanchum thesioides* (Freyn) K. Schum.

鹅绒藤属

直立或斜生草本。茎自基部多分枝，密被短柔毛，节间甚短。单叶对生，有短柄；叶片条形，先端尖，基部稍窄，全缘，两面均有短毛。伞形花序腋生，梗短；花萼 5

裂；花冠钟状，黄白色，内面光滑无毛；柱头短。蓇葖果纺锤形，有白色乳液，密被细柔毛；种子棕褐色，扁平，先端有束白毛。花期5～8月，果期8～10月。

广布校园各区域绿地或路旁。分布于我国内蒙古、江苏、陕西、甘肃、新疆等地。药食两用，以全草及果实入药，营养全面，生长旺盛，由于病虫害较少，自古就有生食习惯，也可洗干净凉拌食之。

03 萝藦 *Metaplexis japonica* (Thunb.) Makino

萝藦属

多年生草质藤本，有白色乳汁。茎细长圆柱形，平滑。单叶对生，长卵形。总状聚伞花序腋生；花萼5深裂，具缘毛；花冠

白色，有淡紫红色斑纹，钟状，5裂，副花冠环状，着生于合蕊冠上；雄蕊连生成圆锥状，包围雌蕊在其中；子房无毛，柱头延伸成1长喙，顶端2裂。蓇葖果长卵状或角锥状，表面有小凸起；种子具白色绢质种毛。花期6～9月，果期9～12月。见于校园各区域绿地。分布于我国甘肃、陕西、贵州、河南和湖北等地。果可治劳伤、虚弱、腰腿疼痛、缺奶、白带、咳嗽等；根可治跌打、蛇咬、疔疮、瘰疬、阳痿；茎叶可治小儿疳积、疔肿；种毛可止血；乳汁可除瘊子。

五十二、旋花科 Convolvulaceae

01 打碗花 *Calystegia hederacea* Wall. ex. Roxb.

打碗花属

一年生草本，全株无毛，常自基部分枝，具细长白色根。茎细，平卧，有细棱。基部叶片长圆形，基部戟形；上部叶片3裂，叶片基部心形或戟形。花单生腋生；花梗长于叶柄，苞片宽卵形；萼片长圆形，顶端钝，具小短尖头；花冠淡紫色或淡红色，钟状。蒴果卵球形，宿存萼片与之近等长或稍短；种子黑褐色，表面有小疣。花期6～8月，果期8～9月。见于校园各区域绿地或路边。分布于全国各地，为常见杂草。打碗花具健脾益气，促进消化、止痛等功效，有一定毒性，慎食；亦可作园林植物。

02 田旋花 *Convolvulus arvensis* L.

旋花属

多年生草本，近无毛。根茎横走，茎平卧或缠绕，有棱。叶片戟形或箭形，全缘或3裂，先端有小凸尖头；中裂片卵状椭圆形、狭三角形、披针状椭圆形或线性；侧裂片开展或呈耳形。花1～3腋生；花梗细弱；苞片与萼远离；萼片倒卵状圆形；花冠漏斗形，粉红色或白色；雄蕊花丝基部有小鳞毛；柱头 2，狭长。蒴果卵状球形或圆锥形；种子椭圆形，暗褐色或黑色。花期 5～8 月，果期 7～9 月。见于校园各区域绿地或路边。广布于我国东北、西北、西南、华东等地区，为常见杂草。全草入药，调经活血、滋阴补虚。

03 菟丝子 *Cuscuta chinensis* Lam.

菟丝子属

一年生寄生植物。茎缠绕，纤细，黄色，无叶。花多数丛生，花梗粗壮；花冠白色，壶状或钟状，宿存。蒴果近球形。花期 7～8 月，果期 8～9 月。见于校园路边草丛或灌丛。分布于我国山东、江苏、安徽、河南、浙江、福建、四川、云南等地。菟丝子常寄生于豆科、菊科等多种植物上，对胡麻、苎麻、花生、马铃薯等农作物也有危害。种子药用，具有补肝肾、益精壮阳、止泻功能。

04 裂叶牵牛 *Pharbitis nil* (L.) Choisy

牵牛属

一年生缠绕草本。茎细长，缠绕，分枝，被倒向短柔毛及杂有倒向或开展的长硬毛。叶互生，叶片心状卵形，常 3 裂，少 5 裂，裂片达中部或超过中部，掌状叶脉，叶柄较花梗长。花腋生，单一或 2 或 3 着生花序梗顶端；苞片 2，线形或叶状；萼片 5，狭披针形，外面有毛；花冠漏斗状，蓝紫色或紫红色，花冠管色淡。蒴果近球形；种子三棱形，微皱。花期

7～9 月，果期 8～10 月。见于校园路旁、荒地或篱笆旁。原产热带美洲，我国各地常见栽培，也常逸为野生。裂叶牵牛可供观赏。

05 圆叶牵牛 *Pharbitis purpurea* (L.) Voisgt

牵牛属

一年生缠绕草本。茎上被倒向短柔毛杂有倒向或开展的长硬毛。叶圆心形或宽卵状心形，全缘，偶有 3 裂，两面疏或密被刚伏毛。花腋生，单一或聚伞花序；苞片线形；萼片近等长，外面 3 片长椭圆形，内面 2 片线状披针形，外面均被开展的硬毛；花冠漏斗状，紫红色、红色或白色，花冠管常白色。蒴果近球形，3 瓣裂；种子卵状三棱形，黑褐色或米黄色。花期 5～10 月，果期 8～11 月。见于校园路旁、荒地或篱笆旁。本种原产热带美洲，已成为我国归化植物，全国广为分布。庭园栽培供观赏；种子入药，有泻下、利尿、驱虫功效。

06 茑萝 *Quamoclit pennata* (Desr.) Boj.

茑萝属

一年生柔弱缠绕草本，无毛。单叶互生，羽状深裂，裂片线形，细长如丝。聚伞花序腋生，着花数朵，花从叶腋下生出，花梗着数朵五角星状小花，鲜红色。蒴果卵形；种子卵状长圆形，黑褐色。花期

7～9 月，果期 8～10 月。见于校园路旁绿篱。原产热带美洲，我国南北均有栽培。茑萝极富攀缘性，花叶俱美，是理想的绿篱植物。

五十三、茄科 Solanaceae

01 曼陀罗 *Datura stramonium* L.

曼陀罗属

草本或半灌木状。茎下部木质化。叶广卵形，边缘波状浅裂。花单生枝杈间或叶腋；花萼筒部有 5 棱角；花冠漏斗状，下半部带绿色，上部白色或淡紫色，檐部 5 浅裂。蒴果卵状，表面生有坚硬针刺或无刺，规则 4 瓣裂；种子卵圆形，黑色。花期6～10 月，果期7～11 月。见于校园住宅旁、路边或绿地。分布于全国各地。全株有毒；花药用，有麻醉等功效。

02 枸杞 *Lycium chinense* Miller

枸杞属

多分枝灌木，枝条有纵条纹，淡灰色。生叶和花的棘刺较长。叶卵形、卵状菱形、长椭圆形或卵状披针形。花在长枝上单生或双生叶腋，在短枝上同叶簇生；花萼 3 中裂或 4～5 齿裂；花冠漏斗状，淡紫色，裂片边缘有缘毛。浆果红色，卵状。花果期 6～10 月。见于河大路校区等各校区荒地、路旁或住宅区。分布于我国东北、华北、西南、华东等地区。果药用，滋肝补肾，益精明目。

03 酸浆 *Physalis alkekengi* L.

酸浆属

多年生草本。茎基部略带木质。叶长卵形至阔卵形，基部不对称狭楔形，下延至叶柄。花梗开花时直立，后向下弯曲；花萼阔钟状；花冠辐状，白色，阔而短。果萼卵状，橙色或火红色，顶端闭合，基部凹陷；浆果球状，橙红色；种子肾形，淡黄色。花期 5～9 月，果期 6～10 月。见于校园绿地、荒地或路旁。广布于全国各地。根、宿萼或带有成熟果实宿萼，可药用，清热解毒；果实可生食、糖渍、醋渍或做果浆；酸浆生长势强，常作切花、花坛，供观赏用。

04 龙葵 *Solanum nigrum* L.

茄属

一年生草本。叶卵形，先端短尖，基部楔形至阔楔形而下延至叶柄，全缘或每边具不规则波状粗齿。蝎尾状花序腋外生，由 3～6（10）花组成；花冠白色，筒部隐于萼内，冠檐 5 深裂。浆果球形，熟时黑色；种子多数，近卵形，两侧压扁。花果期 9～10 月。见于校园绿地、荒地或路旁。分布于全国各地。浆果和叶均可食用；全株入药，可散瘀消肿、清热解毒。

五十四、紫草科 Boraginaceae

01 斑种草 *Bothriospermum chinense* Bge.

斑种草属

越年生或一年生草本。茎自基部分枝，斜升或近直立，通常多分枝，有倒贴短糙毛。基生叶及茎下部叶具长柄，匙形或倒披针形，边缘皱波状或近全缘，两面均被基部具基盘的长硬毛及伏毛；茎中部及上部叶无柄，长圆形或狭长圆形，上面被向上贴伏的硬毛，下面被硬毛及伏毛。总状花序顶生，有苞片，花生于苞腋；花冠淡蓝色，5裂，喉部有5附属物；雄蕊5；子房4裂，花柱内藏。小坚果肾形。花期4～6月，果期6～8月。见于校园荒地、路边绿地。分布于我国甘肃、陕西、河南、山东、山西、河北及辽宁等地。全草入药，有解毒消肿、利湿止痒之效。

02 附地菜 *Trigonotis peduncularis* (Trtev.) Benth. ex Baker et Moore

附地菜属

一年生或二年生草本。茎细弱，单一或多茎，常有糙伏白毛。基生叶莲座状，叶片匙形，两面被糙伏毛；茎上部叶长圆形或椭圆形，无叶柄或具短柄。总状

花序顶生，花萼5深裂；花蓝色，有5裂片。小坚果4，四面体形，有锐棱。花期5～6月，果期6～8月。见于校园绿地或路旁。分布于我国西藏、云南、广西、江西、福建、新疆、甘肃、河北、内蒙古等地。全草入药，能温中健胃、消肿止痛、止血；嫩叶可供食用。

五十五、马鞭草科 Verbenaceae

01 海州常山 *Clerodendrum trichotomum* Thunb.

大青属

小乔木或灌木状。叶卵形或卵状椭圆形，先端渐尖，基部宽楔形，全缘或波状。伞房状聚伞花序，苞片椭圆形，早落；花萼绿白色或紫红色，5棱，裂片三角状披针形；花冠白色或粉红色，芳香，裂片长椭圆形。核果近球形，蓝紫色，为宿萼包被。花果期6～11月。见于河大路校区南院主楼西侧花园栽培。分布于我国华北、华中、华南、西南等地区。花果美丽，可配植于庭院、山坡、溪边、堤岸、悬崖、石隙及林下。

02 柳叶马鞭草 *Verbena bonariensis* L.

马鞭草属

多年生草本。茎四棱形，全株有纤毛。叶暗绿色，披针形，十字交互对生，初期叶为椭圆形，边缘略有缺刻，花茎抽高后叶转为细长形如柳叶状，边缘有缺刻。聚伞花序顶生；花小，花冠筒状，紫红色或淡紫色。花期5～8月，果期9～10月。见于校园栽培。原产南美洲，我国各地均有栽培。柳叶马鞭草常见于疏林下、植物园、公园等区域栽培。

03 荆条 *Vitex negundo* L. var. *heterophylla* (Franch.) Rehd.

牡荆属

落叶灌木或小乔木。树皮灰褐色，幼枝方形有4棱；掌状复叶对生或轮生，小叶5或3，叶缘呈大锯齿状或羽状深裂，上面深绿色具细毛，下面灰白色，密被柔毛。花序顶生或腋生，先由聚伞花序集成圆锥花序。核果球形，黑褐色，外被宿萼。花期6～8月，果期9～10月。见于河大路校区南院花园栽培。分布于我国多地。荆条是装点风景区的极好材料，也是树桩盆景的优良材料；茎、果实和根均可入药。

五十六、唇形科 Labiatae

01 五彩苏（彩叶草）*Coleus scutellarioides* (L.) Benth.

鞘蕊花属

直立或上升草本。茎紫色，四棱形，被微柔毛，具分枝。叶膜质卵圆形，先端钝至短渐尖，边缘具圆齿，色泽多样，两面被微柔毛，散布红褐色腺点；叶柄伸长扁平，被微柔毛。轮伞花序多，圆锥花序；花梗与序轴被微柔毛；花萼钟形，外被短硬毛及腺点；花冠浅紫色至紫色或蓝色，外被微柔毛；花柱超出雄蕊。小坚果宽卵圆形，压扁，褐色，具光泽。花期 7 月，果期 10 月。见于七一路校区入口、教学区绿地栽培。全国各地园圃普遍栽培，作观赏用。

02 夏至草 *Lagopsis supina* (Steph. ex Willd.) Ik.-Gal. ex Knorr.

夏至草属

多年生草本。茎四棱形，带紫红色，密被微柔毛，常在基部分枝。叶轮廓为圆形，3 深裂，裂片有圆齿或长圆形犬齿，叶片两面均绿色，表面疏生微柔毛，背面沿脉上被长柔毛，边缘具纤毛。轮伞花序疏花；花萼管状钟形，外密被微柔毛，内面无毛；花冠白色，稀粉红色，外面被绵状长柔毛，内面被微柔毛；雄蕊4，着生于冠筒中部稍下，不伸出，后对较短。小坚果长卵形，褐色，有鳞秕。花期3～4 月，果期 5～6 月。见于校园绿地、路旁、旷地。分布于我国东北、华北、西北、西南等地区，为常见杂草。全草入药，能活血调经。

03 益母草 *Leonurus artemisia* (Laur.) S. Y. Hu

益母草属

一年生或二年生草本。茎直立，钝 4 棱，有倒向糙状毛。茎下部叶掌状 3 裂；中部叶菱形，基部狭楔形，掌状 3 半裂或 3 深裂。轮伞花序腋生；花无梗，花萼管状钟形；花冠上下唇几相等。小坚果长圆状三棱形，顶端平截而略宽大，基部楔形，淡褐色，光滑。花期 6～9 月，果期 9～10 月。见于校园各区域绿地。全国大部分地区均有分布。全草入药，有效成分为益母草素等，有利尿消肿、收缩子宫作用，是历代医家用来治疗妇科病的良药。

04 地笋 *Lycopus lucidus* Turcz

地笋属

多年生草本，根茎横走，节上密生须根。叶具极短柄或近无柄，长圆状披针形，边缘具锐尖粗牙齿状锯齿，两面或上面具光泽，亮绿色，两面均无

毛，下面具凹陷的腺点。轮伞花序无梗，多花密集；小苞片卵圆形至披针形，先端刺尖，位于外方者超过花萼，位于内方者短于或等于花萼，边缘均具小纤毛。小坚果倒卵圆状四边形，褐色，边缘加厚，背面平，腹面具棱，有腺点。花期6～9月，果期8～11月。见于校园水边湿地。分布于全国各地。春、夏季可采摘嫩茎叶凉拌、炒食、做汤；根茎入药，有降血脂、通九窍、利关节、养气血等功效。

05 薄荷 *Mentha haplocalyx* Briq.

薄荷属

多年生草本。茎多分枝，上部被微柔毛，下部沿棱被微柔毛；具根茎。叶卵状披针形或长圆形，先端尖，基部楔形或圆，基部以上疏生粗牙齿状锯齿，两面被微柔毛。轮伞花序腋生，球形；花梗细；花萼管状钟形，被微柔毛及腺点，10脉不明显，萼齿窄三角状钻形；花冠淡紫色或白色，稍被微柔毛。小坚果黄褐色，被洼点。花期7～9月，果期10月。见于裕华东路医学部校区草药园栽培。产我国南北各地。幼嫩茎尖可作菜食；全草可入药。

06 紫苏 *Perilla frutescens* (L.) Britt.

紫苏属

一年生直立草本。茎绿色或紫色，钝四棱形。叶阔卵形或圆形，先端短尖或突尖，基部圆形或阔楔形，边缘在基部以上有粗锯齿，膜质

或草质，两面绿色或紫色，或仅表面紫色，表面被疏柔毛，背面被贴生柔毛。花盘前方呈指状膨大。小坚果近球形，灰褐色，具网纹。花期 8～11 月，果期 8～12 月。见于裕华东路医学部校区草药园栽培。我国各地广泛栽培。紫苏可供药用和香料用；叶可食用，和肉类煮熟可增加后者的香味；种子榨出的油，名“苏子油”，供食用，又有防腐作用，可供工业用。

07 丹参 *Salvia miltiorrhiza* Bge.

鼠尾草属

多年生直立草本。根肥厚，肉质。茎直立，四棱形，具槽，多分枝。叶奇数羽状复叶，卵圆形或椭圆状卵圆形或宽披针形。轮伞花序 6 花或多花，顶生或腋生总状花序；苞片披针形；花萼钟形，带紫色；花冠紫蓝色。花期 4～8 月，花后见果。见于裕华东路医学部校区草药园栽培。分布于我国河北、山西、陕西、山东、河南、江苏、浙江、安徽、江西及湖南等地。根入药，为妇科要药，对治疗冠心病也有良好效果，亦治神经性衰弱失眠等。

08 超级鼠尾草（林荫鼠尾草）*Salvia* × *sylvestris* L.

鼠尾草属

多年生宿根草本。植株丛生，全株被毛，茎基部略木质化。叶对生，长椭圆形或卵形，先端渐尖，叶面网状脉下陷，叶缘有粗齿，揉搓后有香味。总状花序直立顶生；花冠唇形，玫瑰红色或蓝紫色，有香气，花瓣上无醒目白斑。果实近球形，种皮黑色。花期 5～8 月，果期 9～10 月。见于裕华东路医学部校区草药园栽培。全国各地均引种栽培。超级鼠尾草常用于花坛布置或盆栽观赏。

09 荔枝草（雪见草）*Salvia plebeia* R.Br.

鼠尾草属

一年生或二年生草本。叶对生，长圆形或披针形，边缘有圆锯齿，叶表面有金黄色腺点。轮伞花，在茎枝顶端密集，呈总状花序或总状圆锥花序；花萼钟形，散布黄褐色腺点；花冠淡蓝紫色，花冠筒内面中部有毛环。小坚果倒卵圆形，光滑。花期4～5月，果期6～7月。见于校园各区域绿地、路旁。除新疆、甘肃、青海及西藏外，全国各地均有分布。全草入药，有清热解毒、利尿消肿、凉血止血功效。

10 并头黄芩 *Scutellaria scordifolia* Fisch. ex Schrenk.

黄芩属

多年生草本植物，根茎斜行或近直伸，节上生须根。茎直立，四棱形，常带紫色，棱上疏被上曲微柔毛，或几无毛，不分枝，或具或多或少、或长或短的分枝。叶具短柄或近无柄，叶片三角状狭卵形，三角状卵形或披针形，边缘大多具浅锐牙齿，稀生少数不明显的波状齿，极少近全缘，表面绿色，无毛，背面较淡，沿中脉及侧脉疏被小柔毛，有时几无毛。花单生于茎上部叶腋内，偏向一侧；花萼被短柔毛及缘毛；花冠蓝紫色。小坚果黑色，椭圆形，具瘤状凸起，腹面近基部具果脐。花期6～8月，果期8～9月。见于裕华东路医学部校区草药园栽培。分布于我国内蒙古、黑龙江、河北、山西、青海等地。根入药，具有清热燥湿、凉血安胎等功效。

11 华水苏 *Stachys chinensis* Bge. ex Benth.

水苏属

多年生草本。茎单一不分枝或基部分枝。叶对生，叶柄极短或无柄，长圆状披针形。轮伞花序常6花，组成疏散穗状花序；花萼钟形，5齿披针形，具刺尖头；花冠紫色，花冠筒内近基部有不明显疏柔毛环，冠筒直伸；花柱丝状，伸出雄蕊之上。小坚果卵圆状三棱形，褐色。花期6～8月，果期7～9月。见于校园水边湿地。分布于我国黑龙江、吉林、辽宁、内蒙古、河北、山西、陕西、甘肃等地。全草可入药。

五十七、车前科 Plantaginaceae

01 车前 *Plantago asiatica* L.

车前属

多年生草本，根茎短而肥厚，着生多数须根。基生叶直立，卵形或宽卵形。花葶数个，有短柔毛；穗状花序狭长，下部穗疏，上部紧密；每花具一苞，花萼有短柄，花冠裂片披针形。蒴果。花期4～8月，果期6～9月。见于校园绿地、路旁或空旷处。分布几遍全国。全草可药用，具利尿、清热、明目、祛痰功效。

02 平车前 *Plantago depressa* Willd.

车前属

多年生草本，主根圆锥状，不分枝或根部稍有分枝。叶基生，叶片纸质，椭圆形至倒披针形，边缘具不规则小齿，纵脉5～7条；叶柄基部有宽叶鞘或叶鞘残余。穗状花序；花冠筒状；雄蕊4；雌蕊1。蒴果。花期5～7月，果期7～9月。见于校园绿地、路旁或空旷处。分布于我国江苏、河南、安徽、江西、湖北、湖南、四川、云南、西藏等地。全草可药用；嫩叶可食；种子可制油。

五十八、木犀科 Oleaceae

01 连翘 *Forsythia suspensa* (Thunb.) Vahl

连翘属

落叶灌木。枝棕色、棕褐色或淡黄褐色，小枝土黄色或灰褐色，略呈四棱形，疏生皮孔，节间中空，节部具实心髓。单叶，或3裂至三出复叶，叶片卵形、宽卵形或椭圆状卵形至椭圆形，两面无毛；叶柄无毛。花单生或2至数朵着生于叶腋，先于叶开放。果卵球形、卵状椭圆形或长椭圆形，先端喙状，表面疏生皮孔。花期3～4月，果期7～9月。见于河大路校区北院天桥绿地、南院第八教学楼南侧花园等区域。我国河北、山西、陕西、山东、安徽（西部）、河南、湖北、四川等地均有种植。连翘具有清热、解毒、散结、消肿功效。

02 金钟花 *Forsythia viridissima* Lindl.

连翘属

落叶灌木。枝棕褐色或红棕色，直立，小枝绿色或黄绿色，呈四棱形，皮孔明显，具片状髓。叶片长椭圆形至披针形，通常上半部具不规则锐锯齿或粗锯齿，稀近全缘，表面深绿色，背面淡绿色，两面无毛，中脉和侧脉在上面凹入，下面凸起。花1～4着生于叶腋，先于叶开放；裂片绿色，具睫毛；花冠深黄色，裂片内面基部具橘黄色条纹，反卷；花两性。蒴果，卵形或宽卵形，具皮孔。花期 3～4 月，果期 8～11 月。见于河大路校区北院天桥旁、南院花园等区域。除华南地区外，全国各地均有栽培。金钟花可丛植于草坪、墙隅、路边、树缘、院内庭前等处。

03 白蜡树 *Fraxinus chinensis* Roxb.

梣属

落叶乔木，冬芽卵圆形，黑褐色。小枝灰褐色，无毛或具黄色髯毛。奇数羽状复

叶，对生；总叶轴中间具沟槽，无毛或于小叶柄之间有锈色簇毛；叶近革质，椭圆形或椭圆状卵形，缘具不整齐锯齿或波状，表面淡绿色，无毛，背面无毛或沿脉被短柔毛，中脉在表面凹下，背面凸起。圆锥花序侧生或顶生当年生枝条上，疏松；总花梗无毛；花梗纤细，花萼钟状，无花瓣。翅果倒披针形。花期 4 月，果期 8～9 月。见于河大路校区北院逸夫楼、学生公寓等校园行道旁、花园等区域栽培。产我国南北各地。木材坚韧，耐水湿，制做家具、农具、胶合板等；枝条可编筐；树皮也作药用。

04 迎春花 *Jasminum nudiflorum* Lindl.

素馨属

落叶灌木，直立或匍匐。枝稍扭曲，光滑无毛。叶对生，三出复叶，小枝基部常具单叶；叶片和小叶片幼时两面稍被毛，老时仅叶缘具睫毛；小叶片卵形、长卵形或椭圆形、狭椭圆形，稀倒卵形，先端锐尖或钝，具短尖头，基部楔形，叶缘反卷，中脉在上面微凹入，下面凸起，侧脉不明显。花单生于去年生小枝的叶腋，稀生于小枝顶端；苞片小叶状，披针形、卵形或椭圆形；花萼绿色，裂片 5～6，窄披针形；花冠黄色。花期 2～4 月。见于校园花园等区域栽培。分布于我国甘肃、陕西、四川、云南（西北部）、西藏（东南部）等地。因其在百花之中开花最早，花后即迎来百花齐放的春天而得名，是早春观花植物；花、叶、嫩枝均可入药，常用于头痛发热等症。

05 女贞 *Ligustrum lucidum* Ait.

女贞属

灌木或小乔木。树皮灰褐色；枝黄褐色、褐色或灰色，圆柱形，疏生圆形皮孔。叶片纸质，椭圆状披针形、卵状披针形或长卵形，花枝上叶片有时为狭椭圆形或卵状椭圆形。圆锥花序疏松，顶生或腋生；花序轴及分枝轴具棱。果椭圆形或近球形，常弯生，蓝黑色或黑色。花期 3～7 月，果期 8～12 月。见于校园楼前、行道旁或花园内栽培。分布于我国华北、华南、西南等地区。女贞是园林绿化中应用较多的乡土树种，用作绿篱及放养白蜡虫；木材可作细工材料；果、叶、树皮及根均可入药。

06 小叶女贞 *Ligustrum quihoui* Carr.

女贞属

落叶灌木。小枝淡棕色，圆柱形，密被微柔毛，后脱落。叶片薄革质，形状和大小变异较大，披针形、长圆状椭圆形、椭圆形、倒卵状长圆形至倒披针形或倒卵形，先端锐尖、钝或微凹，基部狭楔形至楔形，叶缘反卷，表面深绿色，背面淡绿色，常具腺点，两面无毛，稀沿中脉被微柔毛，中脉在上面凹入，下面凸起，近叶缘处网结不明显。圆锥花序顶生，分枝处常有 1 对叶状苞片；小苞片卵形，具睫毛；花萼无毛，萼齿宽卵形或钝三角形；裂片卵形或椭圆形，先端钝。果倒卵形、宽椭圆形或近球形，呈紫黑色。花期 5～7 月，果期 8～11 月。见于河大路校区逸夫楼前花境、天桥旁等绿化带栽培。小叶女贞是园林绿化的重要绿篱材料、优良抗污染树种，且叶小并耐修剪，生长迅速，也是制作盆景的优良树种；叶入药，具清热解毒等功效。

07 金叶女贞 *Ligustrum* × *vicaryi* Rehder

女贞属

落叶灌木，其嫩枝带有短毛。叶革薄质，单叶对生；新叶金黄色，老叶黄绿色至绿色。总状花序，花为两性。核果椭圆形，内含一粒种子，颜色为黑紫色。花期 5～6 月，果期 10 月。见于校园教学楼、逸夫楼等区域栽培。我国各地广为栽培。叶色金黄，观赏性较佳，盆栽可用于门廊或厅堂处摆放观赏；园林中常片植或丛植，或作绿篱栽培。

08 紫丁香 *Syringa oblata* Lindl.

丁香属

灌木或小乔木。叶薄草质或厚纸质，卵圆形至肾形，先端渐尖，基部常心形。圆锥花序发自侧芽，花淡紫色、紫红色或蓝色，花冠位于花冠筒中部或中部以上。蒴果压扁状，光滑。花期4～5月，果期6～10月。见于各校区楼前、花园等区域栽培。我国长江以北各地庭园普遍栽培。花芬芳袭人，为著名观赏花木；叶可入药，有清热燥湿作用。

09 白丁香 *Syringa oblata* Lindl. var. *alba* Hort. ex Rehd.

丁香属

紫丁香的变种。叶较小，叶背有细柔毛或无毛；叶缘有微细毛。花白色，香气浓郁。蒴果卵状椭圆形、卵形至长椭圆形，光滑。花期4～5月，果期6～10月。见于各校区楼前、花园等区域栽培。分布与用途同紫丁香。

五十九、玄参科 Scrophulariaceae

01 金鱼草 *Antirrhinum majus* L.

金鱼草属

多年生草本。叶披针形或长圆状披针形，先端渐尖，基部楔形，全缘，叶近无柄。总状花序；苞片卵形；花冠二唇形，外被绒毛，基部膨大成囊状，花色多样；花萼5裂。蒴果长圆形，具宿存花柱。花期5～6月，果期7～8月。见于河大路校区南院花园等区域。原产地中海沿岸，全国各地多有栽培。花色鲜艳多彩，是春、初夏最普通的花卉，适合群植于花坛、花境，与百日草、矮牵牛、万寿菊、一串红等配植效果尤佳。

02 毛泡桐 *Paulownia tomentosa* (Thunb.) Steud.

泡桐属

落叶乔木。小枝绿褐色，具长腺毛。叶卵形或心形，全缘或3～5浅裂，上面毛稀

疏，下面毛密生，呈树状分枝；叶柄密被腺毛及分枝毛。圆锥花序，花萼盘状钟形，分裂约1/2；花冠紫色，漏斗状钟形。蒴果卵圆形；种子连翘长3～4 mm。花期4～5月，果期9～10月。见于校园行道旁等区域栽培。分布于我国河北、山东、湖北、江西、辽宁、河南、江苏、安徽、浙江、江苏等地。材质轻，弹性好，可用于制作胶合板、乐器、模型等；叶能吸附烟尘及有毒气体，可用于城镇绿化及营造防护林。

03 地黄 *Rehmannia glutinosa* (Gaetn.) Libosch. ex Fisch. et Mey.

地黄属

多年生草本，密被灰白色长柔毛和腺毛。根茎肉质肥厚，鲜时黄色。茎单一或基部分生数枝，栽培条件下，茎紫红色。叶常基生，卵形至长椭圆形，表面绿色，背面略带紫色或紫红色，被白色长柔毛或腺毛。总状花序顶生，花萼钟状；花冠外紫红色，内黄紫色；雄蕊4；花柱顶部扩大成2枚片状柱头。蒴果卵形至长卵形。花果期4～7月。见于各校区花园、绿地、荒地、墙边、路旁。分布于我国辽宁、河北、河南、山东、山西、陕西、甘肃、内蒙古、江苏、湖北等地。根药用，有滋阴补肾、养血补血、凉血功效，也有强心利尿、解热消炎、促进血液凝固和降低血糖作用。

六十、紫葳科 Bignoniaceae

01 凌霄 *Campsis grandiflora* (Thunb.) Schum.

凌霄属

木质藤本，常借气生根攀附于他物上。奇数羽状复叶，对生。花排成顶生疏散的圆锥花序；花萼钟状，萼齿5；花冠钟状漏斗状，内面鲜红色，外面橙黄色；雄蕊4，2

长2短；花柱线形，柱头扁平，2裂。蒴果顶端钝；种子具翅。花期6～8月，果期7～9月。见于河大路校区南院花园、廊亭等区域栽培。分布于我国河北、山东、河南、福建、广东、广西、陕西、台湾等地。凌霄可供观赏；花、根、茎和叶均可入药。

02 梓 *Catalpa ovata* G. Don

梓属

落叶乔木。树冠伞形，主干通直，嫩枝具稀疏柔毛。叶对生或近于对生，有时轮生，阔卵形。顶生圆锥花序；花序梗微被疏毛；花萼蕾时圆球形；花冠钟状，淡黄色，内面具2黄色条纹及紫色斑点；子房上位，棒状；花柱丝形，柱头2裂。蒴果线形，下垂；种子长椭圆形，两端具有平展的长毛。花期6～7月，果期8～10月。见于河大路校区逸夫楼南侧等行道旁及花园内栽培。分布于我国长江流域及以北地区。梓树在春日满树白花，秋冬荚垂如豆；木材白色稍软，可做家具、制琴底；嫩叶可食；叶或树皮做农药，可杀稻螟、稻飞虱；果实（梓实）入药，可作利尿剂；根皮（梓白皮）亦可入药，消肿毒，外用煎洗治疥疮。

六十一、桔梗科 Campanulaceae

桔梗 *Platycodon grandiflorus* (Jacq.) A. DC.

桔梗属

多年生草本。茎常无毛，偶密被短毛，不分枝，极少上部分枝。叶全部轮生，部分轮生至全部互生，无柄或有极短的柄，叶片卵形，卵状椭圆形至披针形，基部宽楔

形至圆钝，急尖，表面无毛而绿色，背面常无毛而有白粉，有时脉上有短毛或瘤凸状毛，边顶端缘具细锯齿。花单朵顶生，或数朵集成假总状花序，或花序分枝集成圆锥花序；花萼钟状五裂片，被白粉，裂片三角形，或狭三角形，有时齿状；花冠大，蓝色、紫色或白色。蒴果球状或球状倒圆锥形或倒卵状。花期7～9月，果期8～10月。见于裕华东路医学部校区草药园。分布于我国东北、华北、华东、华中、华南、西南等地区。观赏花卉；根可入药，有止咳祛痰、宣肺、排脓等作用。

六十二、茜草科 Rubiaceae

茜草 *Rubia cordifolia* L.

茜草属

多年生草质攀缘藤木。茎多条，细长，方柱形，棱上生倒生皮刺。叶4片轮生，纸质，披针形或长圆状披针形，边缘有齿状皮刺，两面粗糙，脉上有微小皮刺；基出3脉；叶柄有倒生皮刺。聚伞花序多回分枝，花序和分枝均细瘦，有微小皮刺；花冠淡黄色，干时淡褐色，花冠裂片近卵形，外面无毛。果球形，成熟时橘黄色或黑色。花

期 8～9 月，果期 10～11 月。攀缘生长于校园灌丛或绿地。分布于我国东北、华北、西北等地区。茜草是一种历史悠久的植物染料；茜草入药，能凉血止血、化瘀。

六十三、忍冬科 Caprifoliaceae

01 金银忍冬 *Lonicera maackii* (Rupr.) Maxim.

忍冬属

落叶灌木。幼枝、叶两面脉上、叶柄、苞片、小苞片及萼檐外面都被短柔毛和微腺毛。叶卵状椭圆形至卵状披针形，稀矩圆状披针形或倒卵状矩圆形。聚伞、轮伞或 2 花并生。花芳香，生于幼枝叶腋；萼檐钟状，萼齿宽三角形或披针形；花冠先白色后变黄色，外被短伏毛或无毛，唇形。果实暗红色，圆形。花期 5～7 月，果熟期 8～10 月。见于河大路校区南院花园等区域栽培。我国主产东北、华北、西南等地区。金银忍冬是园林绿化中常见的观花、观果树种；全株可药用；茎皮可制人造棉；花是优良蜜源，也可提取芳香油。

02 锦带花 *Weigela florida* (Bge.) A. DC.

锦带花属

落叶灌木。枝条开展，树型较圆筒状，有些树枝会弯曲到地面，小枝细弱，幼时具 2 列柔毛。叶椭圆形或卵状椭圆形，端锐尖，基部圆形至楔形，缘有锯齿，表面脉上有毛，背面尤密。花冠漏斗状钟形，玫瑰红色，裂片 5。蒴果柱形；种子无翅。花期 4～6 月，果期 9～10 月。见于河大路校区图书馆旁等区域栽培。分布于我国黑龙江、吉林、辽宁、内蒙古、山西、陕西、河南、山东（北部）、江苏（北部）等地。锦带花枝叶茂密，花色艳丽，花期可长达两个多月，在园林应用上是华北地区主要的早春花灌木，适宜庭院墙隅、湖畔群植，也可在树丛林缘作花篱、丛植配植，点缀于假山、坡地。

03 红王子锦带 *Weigela florida* cv. 'Red Prince'

锦带花属

落叶灌木。叶对生，椭圆形至卵状长圆形或倒卵形，先端渐尖或骤尖，基部楔形，边缘有浅锯齿。聚伞花序，具 1～4 花；花冠胭脂红色，5 裂，漏斗状钟形，花冠筒中部以下变细。蒴果圆柱形，具短柄状喙，两瓣室间开裂。花期 5～6 月，果期 8～9 月。见于校园花园内。原产美国，我国浙江、山东、江苏、河北等地引种栽培。花色鲜艳，花期长，绿化观赏效果好。

六十四、菊科 Compositae

01 黄花蒿 *Artemisia annua* L.

蒿属

一年生草本，全株鲜绿色，有浓烈的挥发性香气。茎、枝、叶两面及总苞片背面无毛或初时背面微有极稀疏短柔毛，后脱落无毛。基部及下部叶花期枯萎；中部叶卵形，2～3回羽状全裂栉齿状。头状花序球形，下垂，排成总状；总苞片2～3层，边缘膜质；边花雌性，中央小花两性，花序托无托毛。瘦果椭圆状卵形，红褐色。花果期8～10月。校园各地常见杂草。广布我国北方各地。黄花蒿含挥发油、青蒿素、黄酮类化合物等，青蒿素为抗疟的主要有效成分，入药可作清热、解暑、截疟、凉血用，还作外用药；亦可作香料、牲畜饲料。

02 艾 *Artemisia argyi* Lévl. et Van.

蒿属

多年生草本或略成半灌木状，植株有浓烈香气，被密绒毛。茎单生或少数，褐色或灰黄褐色。叶表面灰绿色，密布白色腺点，背面密被蛛丝状毛；上部叶渐小。头状花序排成复总状；总苞钟形，密被蛛丝状毛，边缘宽膜质；边花雌性，盘花两性，花冠管状钟形，红紫色。瘦果长圆形。花果期7～10月。常见于校园各地。分布于我国东北、华北、华东、西北地区。叶药用，有散寒、止痛、温经、止血功效；艾叶晒干捣碎得艾绒，制艾条供艾灸用，又可作印泥的原料。

03 茵陈蒿 *Artemisia capillaris* Thunb.

蒿属

多年生或近一年生、二年生草本，植株有浓烈香气。茎常单生，红褐色或褐色，有纵纹。叶近圆形或长卵形，2～3回羽状全裂，具长柄，花期叶凋谢。头状花序极多数，花序托小；雌花5～7，两性花4～10，不孕育。瘦果倒卵形或长圆形，褐色。花果期7～10月。见于校园绿地、路旁或荒地。我国南北各地均有分布。嫩茎叶入药，能清热、利湿、退黄，治黄疸型肝炎。

04 蒙古蒿 *Artemisia mongolica* (Fisch. ex Bess.) Nakai

蒿属

多年生草本。茎直立，单生。茎生叶花期枯萎，中部叶羽状深裂或二回羽状深裂，裂片披针形，表面绿色，背面密被白色蛛丝状毛。头状花序总苞片3～4层，外层总苞片较小，卵形或狭卵形；中层总苞片长卵形或椭圆形，背面密被灰白色蛛丝状毛；内层总苞片椭圆形，背面近无毛；花紫红色。瘦果矩圆形。花果期8～10月。见于校园荒地、路旁。分布于我国东北、华北和西北各地。全草入药，有温经、止血、散寒、祛湿等作用；叶可提取芳香油，供化学工业用；全株作牲畜饲料，也可作纤维与造纸原料。

05 蒌蒿 *Artemisia selengensis* Turcz. ex Bess.

蒿属

多年生草本，植株具清香气味。下部叶花时枯萎；中部叶密集，羽状深裂，侧裂片1～2对，披针形，边缘有规则的锐锯齿；上部叶3深裂或不裂，边缘有齿或全缘。头状花序密集成狭长的复总状花序；总苞片3～4层，边缘宽膜质；边花雌性，盘花两性。瘦果长圆形，褐色。花果期7～9月。见于校园绿地或花园内。我国各地均有分布。蒌蒿富含硒、锌、铁等多种微量元素，常栽培作野菜食用。

06 鬼针草（婆婆针）*Bidens bipinnata* L.

鬼针草属

一年生草本。茎直立，钝四棱形。茎下部叶较小，很少为具小叶的羽状复叶，两侧小叶椭圆形或卵状椭圆形。头状花序，总苞外层苞片披针形；无舌状花，盘花筒状。瘦果黑色，顶端芒刺3～4，具倒刺毛。花期8～9月，果期9～10月。见于校园花园、路边及荒地。分布于我国东北、华北、华中、华东、华南、西南等地区。民间常用草药，有清热解毒、散瘀活血功效。

07 金盏银盘 *Bidens biternata* (Lour.) Merr. et Sherff

鬼针草属

一年生草本。茎直立，略具4棱，无毛或被稀疏卷曲短柔毛。一回羽状复叶，顶生小叶卵形至长圆状卵形或卵状披针形，边缘具稍密且近于均匀的锯齿，两面均被柔毛；侧生小叶1～2对，卵形或卵状长圆形。头状花序，总苞内层苞片背面有深色纵条纹；舌状花不育，淡黄色，先端3齿裂。瘦果被小刚毛，顶端具芒刺。花期8～9月，果期9～10月。见于河大路校区南院等区域路边、荒地阴湿地。分布于我国华南、华东、华中、西南等地区。全草具清热解毒、活血散瘀功效。

08 飞廉 *Carduus crispus* L.

飞廉属

二年生或多年生草本。茎单生或少数茎成簇生，多分枝，有数行纵列的绿色翅，翅上具齿刺。叶互生，中下部茎叶长卵圆形或披针形，羽状深裂，边缘具缺刻状牙齿，齿端及叶缘具不等长细刺；向上茎叶渐小；全部茎叶两面同色，沿脉被多细胞长节毛。头状花单生茎顶或长分枝顶端，总苞片7～8层；小花紫红色。瘦果褐色；冠毛灰白色。花果期6～10月。见于校园花坛或路旁。分布于全国各地。飞廉是传统中药材，有祛风、清热、利湿、凉血散瘀之效。

09 矢车菊 *Centaurea cyanus* L.

矢车菊属

一年生或二年生草本。茎被薄蛛丝状卷毛。基生叶及下部叶常具侧裂片1～3对，顶裂片较大；茎中部叶线状披针形，茎上部叶渐小；全部茎叶两面异色或近异色，上面绿色或灰绿色，被稀疏蛛丝毛或脱毛，下面灰白色，被薄绒毛。头状花序在茎枝顶端排成伞房花序或圆锥花序，总苞7层，顶端有浅褐色或白色附属物，沿苞片短下延，边缘流苏状锯齿；盘花蓝色、白色、红色或紫色。瘦果椭圆形，有细条纹，被稀疏白色柔毛；冠毛白色或浅土红色。花果期3～8月。见于河大路校区南院等区域花园栽培。原产欧洲，我国各地均有分布。矢车菊是庭院绿化植物、观赏植物和蜜源植物。

10 野蓟 *Cirsium maackii* Maxim.

蓟属

多年生草本。茎直立，被多细胞节毛，上部特别接头状花序下部灰白色，有稠密绒毛。基生叶和下部茎生叶长椭圆形、披针形或披针状椭圆形，叶两面异色，表面绿色，沿脉被稀疏多细胞节毛，背面灰色或浅灰色，被稀疏绒毛，或至少上部叶两面异色。头状花序单生茎端或在茎枝顶端排成伞房花序；全部苞片背面有黑色黏腺；小花紫红色。瘦果压扁，顶端截形；冠毛刚毛长羽毛状，白色，基部连合成环，整体脱落。花果期6～9月。见于校园绿地、路旁。分布于我国河北、山东、江苏、安徽、浙江等地。根具凉血止血、行瘀消肿功效。

11 刺儿菜 *Cirsium setosum* (Willd.) MB.

蓟属

多年生草本，具匍匐根茎。茎直立，有棱，幼茎被白色蛛丝状毛，上部有分枝。叶互生，基生叶花时凋落，下部和中部叶椭圆形或椭圆状披针形，表面绿色，背面淡绿色，两面有白色蛛丝状毛，几无柄，叶缘有细密针刺。头状花序单生茎端；总苞卵形、长卵形或卵圆形，总苞片约6层，具针刺；小花紫红色或白色。瘦果淡黄色，压扁；冠毛污白色，刚毛长羽毛状。花果期5～9月。广布于校园荒地、路边、住宅附近。全国各地均有分布。优质野菜；全草入药，有凉血止血、祛瘀消肿功效。

12 香丝草 *Conyza bonariensis* L.

飞蓬属

一年生或二年生草本，根纺锤状，常斜升，具纤维状根。茎直立或斜升，叶具粗齿或羽状浅裂，两面均密被贴糙毛。头状花序多数，在茎端排成总状花序或总状圆锥花序，总苞椭圆状卵形，具干膜质边缘；花托有明显的蜂窝孔；雌花多层，白色，两性花淡黄色，花冠管状，上端具5齿裂。瘦果线状披针形，扁压，被疏短毛；冠毛1层，淡红褐色。花期5～10月，果期8～11月。广布于各校区绿地、荒地、路旁。分布于我国中部、东部、南部至西南部各地，为常见杂草。全草入药，治感冒、疟疾、急性关节炎及创伤出血等症。

13 小蓬草 *Conyza canadensis* L.

白酒草属

越年生或一年生草本。茎具粗糙毛和细条纹。叶互生，叶柄短或不明显；叶片条状披针形或矩圆形，基部狭，顶端尖，全缘或微锯齿，边缘有长睫毛。头状花序密集成圆锥状或伞房状；总苞片边缘膜质；边缘为白色舌状花，中部为黄色筒状花。瘦果扁平，矩圆形，具斜生毛，冠毛1层，白色刚毛状，易飞散。花期5～7月，果期8～10月。见于校园林下绿地、荒地和路边。原产北美洲，归化植物，广布于全国各地，为常见杂草。茎、叶可作猪饲料；全草入药，能消炎止血、祛风湿。

14 两色金鸡菊 *Coreopsis tinctorria* Nutt.

金鸡菊属

一年生草本，无毛。茎直立，上部有分枝。叶对生，中下部叶具长柄，二回羽状分裂，裂片线状披针形，全缘；上部叶无柄或下延成翅状柄。头状花序排成伞房状或疏圆锥状花序；总苞半球形，总苞片外层较短，内层卵状长圆形；舌状花黄色，管状花红褐色。瘦果顶端有2细芒。花果期5～9月。见于校园花园栽培。原产北美洲，全国各地庭院广为栽培。观赏植物。

15 秋英（波斯菊）*Cosmos bipinnatus* Cav.

秋英属

一年生或多年生草本。叶二回羽状深裂至全裂，裂片线形。头状花序单生枝端；总苞片外层披针形或线状披针形，近革质，淡绿色，具深紫色条纹，内层椭圆状卵形，膜质；舌状花粉红色，偶紫红色或白色，舌片顶端有3～5钝齿；管状花多数，黄色。瘦果黑色，具4纵沟，先端具喙。花期6～8月，果期9～10月。见于校园花坛或庭院栽培。原产墨西哥，我国各地普遍栽培。秋英为露地庭院、花坛观赏草花。

16 黄秋英（黄花波斯菊）*Cosmos sulphureus* Cav.

秋英属

一年生或多年生草本。茎多分枝，具条棱。叶2～3回羽状深裂，裂片披针形，先端急尖。头状花序单生枝端；总苞半球形；舌状花橘黄色，先端具3齿；管状花黄色，顶端5浅裂。瘦果纺锤形，具4纵沟，先端具长喙。花期6～8月，果期9～10月。见于河大路校区南院等区域花园栽培。原产墨西哥，我国各地栽培。黄秋英为夏日花坛、庭院栽培花卉。

17 鳢肠 *Eclipta prostrata* (L.) L.

鳢肠属

一年生草本。茎直立或匍匐，自基部或上部分枝，绿色或红褐色，被伏毛。茎、叶折断后有墨水样汁液。叶披针形，对生，被粗伏毛。头状花序腋生或顶生；总苞片2轮，有毛，宿存；边花白色，2裂；中央的花淡黄色，4裂。舌状花瘦果四棱形，筒状花瘦果三棱形，表面有瘤状凸起，无冠毛。花期6～8月，果期9～10月。见于河大路校区南院花园、绿地、路边湿地。分布于全国各地。全草入药，具清热解毒、凉血、止血、消炎、消肿功效。

18 天人菊 *Gaillardia pulchella* Foug.

天人菊属

一年生草本。茎中部以上多分枝，分枝斜升，被短柔毛或锈色毛。下部叶匙形或倒披针形，边缘具波状钝齿、浅裂至琴形分裂；上部叶长椭圆形、倒披针形或匙形，全缘或偶有3浅裂。头状花序总苞片披针形，背面有腺点；舌状花紫红色，端部黄色，顶端2～3裂；管状花顶端渐尖成芒状，被节毛。瘦果基部被长柔毛；冠毛鳞片状。花果期6～9月。见于校园花坛或庭院栽培。原产北美洲，我国中南部广为栽培。观赏草花，可作花坛、花丛材料；天人菊耐风、抗潮、耐旱，是良好的防风固沙植物。

19 向日葵 *Helianthus annuus* L.

向日葵属

一年生草本。茎直立，粗壮，圆形多棱角，被白色粗硬毛。叶互生，心状卵形或卵圆形，基出3脉，边缘具粗锯齿，两面粗糙，被毛，有长柄。头状花序单生茎顶或枝端，常下倾；边缘生不结实的黄色舌状花，中部为能结实的两性管状花。瘦果果皮木质化，灰色或黑色，称葵花籽。花果期7～10月。见于河大路校区南院花坛等区域栽培。原产北美洲，我国各地多有栽培。瘦果可榨油；花穗、种子壳及茎秆可作饲料。

20 泥胡菜 *Hemistepta lyrata* (Bge.) Bge.

泥胡菜属

一年生草本。茎单生，具纵棱，被稀疏蛛丝毛，上部常分枝，少有不分枝。叶互生，基生叶长椭圆形或倒披针形，花期常枯萎；中下部茎叶与基生叶同形，全部叶大头羽状深裂或几全裂；两面异色，表面绿色，无毛，背面灰白色，被绒毛。头状花序在茎枝顶端排成疏松伞房花序；总苞片多层；小花紫色或红色。瘦果圆柱形，具纵棱及白色冠毛。花果期3～8月。见于校园路边荒地、花园、绿地。全国各地均有分布。全草入药，有清热解毒、消肿散结功效；泥胡菜也是一种野生牧草。

21 阿尔泰狗娃花 *Heteropappus altaicus* (Willd) Novopokr.

狗娃花属

多年生草本。茎直立，被上曲或有时开展的毛，上部常有腺，上部或全部有分枝。基部叶在花期枯萎；下部叶条形或矩圆状披针形、倒披针形或近匙形，全部叶两面或下面被粗毛或细毛，叶两面常有腺点。头状花序单生枝端或排成伞房状；总苞半球形，2～3 层，常有腺体，边缘膜质；舌状花浅蓝紫色，矩圆状条形。瘦果被绢毛，上部有腺体；冠毛污白色或红褐色。花果期 5～9 月。见于河大路校区南院篮球场旁等区域。分布于我国东北、华北、西北等地区。全草入药，有清热降火、润肺止咳的功效。

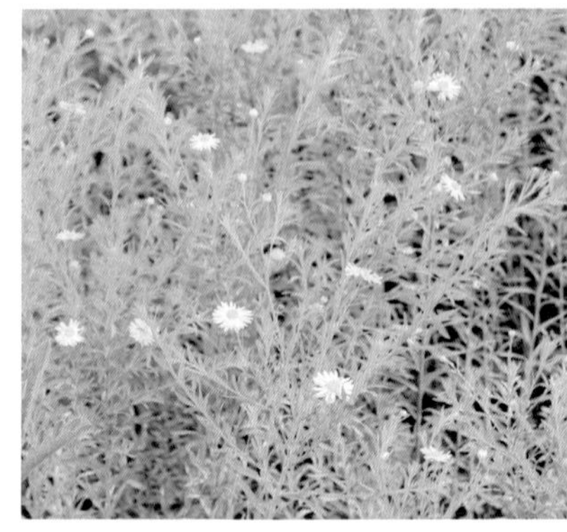

22 欧亚旋覆花 *Inula britanica* L.

旋覆花属

多年生草本。叶长椭圆状披针形，下部渐狭，基部宽大，心形耳状半抱茎。头状花序 1～5 排列成伞房状；总苞片 4～5 层，线状披针形，有腺点和缘毛；舌状花黄色。瘦果有浅沟，被短毛。花期 7～9 月，果期 8～10 月。见于校园花坛内栽培。分布于我国东北、华北等地区。花供药用，能祛痰。

23 母菊 *Matricaria chamomilla* L.

母菊属

一年生草本，全株无毛。叶无柄，二回羽状全裂，裂片线形，顶端具短尖头，基部近于抱茎。头状花序单生枝端，排成伞房状；总苞2～4层，苍绿色或黄色，披针形，边缘白色膜质；舌状花白色，反折；管状花黄色，端5裂。瘦果倒圆锥形，褐色。花果期5～7月。见于河大路校区南院等区域花园内。产我国新疆北部和西部，生于河谷旷野、田边，各地庭院多有栽培。观赏植物；花含芳香油，可作调香原料；头花可入药，有发汗和镇痉作用。

24 二色金光菊 *Rudbeckia bicolor* Nutt.

金光菊属

一年生草本，被硬毛。茎单一或有分枝。叶披针形、长圆形或倒卵形，无柄，全缘。头状花序边花舌状，黄色或下半部黑色；盘花管状，黑色；花柱分枝顶端具钻形附器，被锈毛。瘦果具4棱或近圆柱形，稍压扁，上端钝或截形；冠毛短冠状或无冠毛。花期7～9月。见于各校区花园、花坛栽培。原产北美洲，我国各地公园、庭院常见栽培。观赏草花。

25 黑心金光菊 ***Rudbecckia hirta* L.**

金光菊属

一年生或二年生草本，被粗硬毛。下部叶长圆状卵形，基部楔形，具 3 脉，边缘有细锯齿；中上部叶长圆状披针形，两面被白色密硬毛。头状花序有长花序梗；总苞片外层长圆形，内层披针状线形，顶端钝，全部被白色刺毛；舌状花鲜黄色，顶端有 2～3 齿；盘花管状，暗紫色。瘦果四棱形，黑褐色。花果期 5～9 月。见于河大路校区南院等区域花园内。原产北美洲，我国各地公园、庭院广为栽培。观赏草花。

26 苍耳 ***Xanthium strumarium* L.**

苍耳属

一年生草本。茎被灰白色糙伏毛。叶三角状卵形或心形，近全缘或有 3～5 不明显浅裂，基出 3 脉。雄性头状花序球形，总苞片长圆状披针形；雌性头状花序椭圆形，外层总苞片披针形，被短柔毛，内层总苞片结合成囊状，宽卵形或椭圆形，绿色、淡黄绿色或有时带红褐色。总苞片在瘦果成熟时变坚硬，外面具疏生钩状刺。花期 7～8 月，果期 9～10 月。见于校园绿地或花园内。分布于我国东北、华北、华东、华南、西北及西南地区，生于山坡、草地、路旁，为常见田间杂草。种子可榨油；果实供药用；全株有毒，种子毒性较大。

27 百日菊 *Zinnia elegans* Jacq.

百日菊属

一年生草本。茎直立，被糙毛或长硬毛。叶宽卵圆形，基部心形抱茎，全缘；叶下面被密的短糙毛，基出3脉。头状花序单生枝端；总苞宽钟状，总苞片多层，宽卵形或卵状椭圆形，苞片边缘黑色，片上具三角流苏状紫红色附片；舌状花深红色、玫瑰色、堇紫色或白色，管状花黄色或橙色。瘦果具3棱。花期6～9月，果期7～10月。见于校园绿地或花园。原产墨西哥，我国各地广泛栽培，有时野生。夏日草花，有单重瓣、卷叶、皱叶和各种不同颜色的园艺品种。

28 剪刀股 *Ixeris japonica* (Burm. f.) Nakai

苦荬菜属

多年生草本。全株无毛，具匍匐茎。基生叶莲座状，叶基部下延成柄，叶匙状倒披针形至倒卵形，全缘、具疏锯齿或下部羽状分裂；花茎上叶1～2，全缘，无柄。头状花序在茎枝顶端排成伞房状；总苞钟状，2～3层；舌状花黄色。瘦果褐色，纺锤形；冠毛白色。花期4～5月，果期6～8月。见于校园绿地、路旁及荒地。分布于我国东北、华东、华中、华南等地区，河北各地偶有分布。全草入药，有清热解毒、利尿消肿之功效。

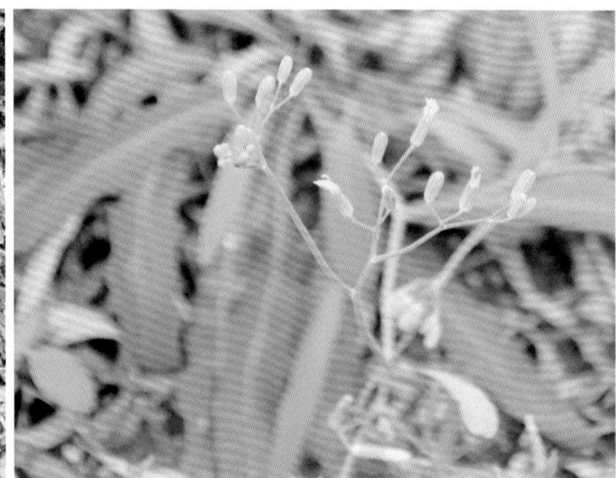

29 苦荬菜 *Ixeris polycephala* Cass.

苦荬菜属

一年生草本植物。基生叶花期生存，叶片线形或线状披针形，叶两面无毛，边缘全缘。头状花序多数，在茎枝顶端排成伞房状花序；苞片卵形，内层卵状披针形；舌状小花黄色，极少白色。瘦果，褐色；冠毛白色，纤细，微糙。花果期3～6月。见于校园绿地或路旁。全国多地分布。全草入药，具清热解毒、去腐化脓、止血生肌功效。

30 抱茎苦荬菜 *Ixeris sonchifolia* Hance.

苦荬菜属

多年生草本，具白色乳汁。茎上部多分枝。基部叶具短柄，倒长圆形，基部楔形下延，边缘具齿或不整齐羽状深裂；中部叶无柄，中下部叶线状披针形，上部叶卵状

长圆形，先端渐狭成长尾尖，基部变宽成耳形抱茎，全缘，具齿或羽状深裂。头状花序组成伞房状圆锥花序；总苞圆筒形；舌状花多数，黄色。果实黑色，具细纵棱；冠毛白色，刚毛状。花期4～5月，果期5～6月。见于校园绿地、荒地、路旁。我国东北、华北地区广泛分布。全草入药；亦可作饲料。

31 山莴苣 *Lactuca indica* L.

莴苣属

多年生草本。茎直立，常单生，淡红紫色，茎枝光滑无毛。中下部茎叶披针形、长披针形或长椭圆状披针形，向上的叶渐小，与中下部茎叶同形；全部叶两面光滑无毛。头状花序排成圆锥花序；总苞片3～4层，苞片边缘紫红色；舌状花黄色。瘦果黑色，边缘有宽翅；冠毛白色。花果期7～10月。见于河大路校区第八教学楼东侧等区域灌丛、田间、路旁草丛。全国各地分布。优良饲用植物；幼苗和嫩茎、叶适于食用。

32 乳苣 *Lactuca tatarica* (L.) C.A. Mey.

莴苣属

多年生草本。叶质厚，微肉质；下部叶长圆状披针形，羽状裂，边缘具刺状小齿，基部渐狭，半抱茎；中部叶与下部叶同形，不裂；上部叶全缘，抱茎。头状花序在茎枝顶端排成圆锥状；总苞圆筒状，具紫色斑纹，3层；舌状花紫色。瘦果灰色至黑色，具5～7条纵肋。花果期5～8月。见于河大路校区南院花园等区域。分布于我国东北、华北、西北等地区。全草药用；嫩苗可食用。

33 苣荬菜 *Sonchus arvensis* L.

苦苣菜属

多年生草本，全株有乳汁。茎直立，高30～80 cm。多数叶互生，披针形或长圆状披针形，基部渐狭成柄。头状花序数个排成伞房状；总苞钟状，3层；舌状花鲜黄色。瘦果纺锤形，两面各有3～8条纵肋，先端具多层白色冠毛。花果期6～11月。见于校园花园、绿地或路旁。分布于我国内蒙古、山西、陕西、甘肃、宁夏、青海、新疆、江西、广东、云南等地。幼苗可凉拌、和面蒸食；全草入药，有清热解毒功效。

34 苦苣菜 *Sonchus oleraceus* L.

苦苣菜属

一年生或二年生草本。茎直立，单生。基生叶羽状深裂，长椭圆形或倒披针形。头状花序；全部总苞片顶端长急尖，外面无毛或外层或中内层上部沿中脉有少数头状具柄的腺毛；舌状小花多数，黄色。瘦果褐色，长椭圆形或长椭圆状倒披针形，压扁，每面各有3条细脉，肋间有横皱纹，顶端狭，无喙，冠毛白色，单毛状，彼此纠缠。花果期5～12月。见于校园绿地或空旷处。全国各地广布。全草入药，有祛湿、清热解毒功效。

35 蒲公英 *Taraxacum mongolicum* Hand.-Mazz.

蒲公英属

多年生草本。根圆锥状，表面棕褐色，皱缩。叶边缘具波状齿或羽状深裂，基部渐狭成柄；叶柄及主脉常带红紫色。花葶密被蛛丝状白色长柔毛；头状花序总苞钟状；舌状花黄色。瘦果倒卵状披针形，暗褐色；冠毛白色。花期4～9月，果期5～10月。见于校园绿地、路边、荒地。分布于我国东北、华北、华东、西北、华中、西南地区。全草入药，有清热解毒、利尿散结功效；蒲公英可生吃、炒食、做汤，是药食兼用植物。

36 黄鹌菜 *Youngia japonica* (L.) DC.

黄鹌菜属

多年生草本。根垂直直伸，生多数须根。茎直立，单生或少数茎成簇生，顶端伞房花序状分枝或下部有长分枝，下部被稀疏的皱波状长或短毛；基生叶全形倒披针形、椭圆形、长椭圆形或宽线形，全部叶及叶柄被皱波状长或短柔毛。头状花序总苞圆柱状，4层；舌状小花黄色，花冠管外面有短柔毛。瘦果纺锤形。花果期4～10月。见于校园绿地或荒地。我国多地有分布，为常见杂草。

第二节 单子叶植物纲 Monocotyledoneae

胚具 1 顶生子叶；多为须根系；茎内维管束散生，多无形成层和次生组织；叶脉通常为平行脉；花的各部通常为 3 基数；花粉多具单萌发孔。

一、泽泻科 Alismataceae

慈姑 *Sagittaria trifolia* L. var. *sinensis* (Sims.) Makino

慈姑属

多年生沼泽或水生草本。匍匐枝顶端膨大成球茎。叶有长柄，三角状箭形，两侧裂片较顶端裂片略长。总状花序顶生，花 3～5 一轮，单性；下部雌花，有短梗，上部雄花，梗细长；外轮花被片 3，萼片状；内轮花被片 3，花瓣状，白色，基部常有紫斑；心皮多数，密集成球形。瘦果斜倒卵形，扁平，背腹两面有薄翅。花果期 7～9 月。见于七一路校区人工湖畔。我国分布于长江流域及其以南各地，太湖沿岸及珠江三角洲为主产区。球茎供食用，富含淀粉、蛋白质和多种维生素，以及钾、磷、锌等微量元素，对人体功能有调节作用；药用有解毒利尿、散热消结、强心润肺之功效。

二、眼子菜科 Potamogetonaceae

菹草 *Potamogeton crispus* L.

眼子菜属

多年生沉水草本，具近圆柱形根茎。茎稍扁，多分枝，节处生须根。叶条形，无柄，叶缘稍浅波状；休眠芽腋生，革质叶左右2列密生，边缘具细锯齿。穗状花序顶生，花2～4轮，初时每轮2朵对生，穗轴伸长后常稍不对称；花被片4，淡绿色；雌蕊4，基部合生。果实卵形，果喙向后稍弯曲，背脊约1/2以下具齿牙状凸起。花果期4～7月。见于校园池塘或七一路校区人工湖。广布全国各地。菹草为优良饲料及绿肥。

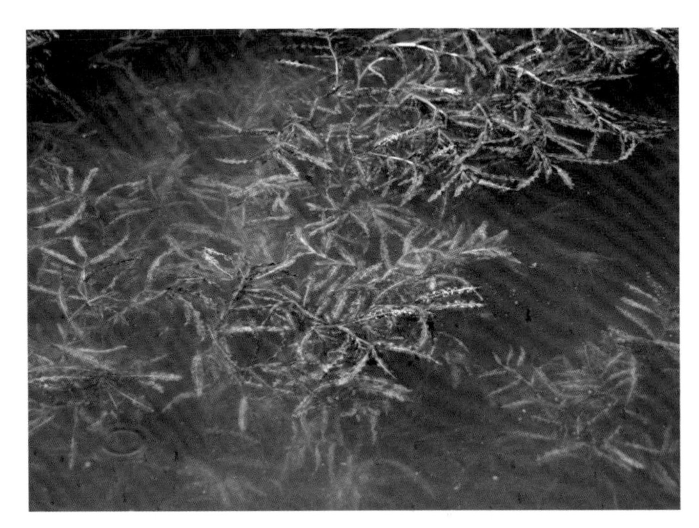

三、天南星科 Araceae

菖蒲 *Acorus calamus* L.

菖蒲属

多年生芳香常绿草本，具粗壮横走根茎。叶基生成丛，长线形，中脉明显凸出，基部叶鞘套折，有膜质边缘。肉穗花序圆柱状，腋生，花序梗具3棱，佛焰苞绿色叶状，窄线形，与叶近等长；花黄绿色，花被片倒披针形。浆果长圆状，红色。花期5～8月，果期7～9月。见于裕华东路医学部校区草药园。分布于全国各地。菖蒲是园林绿化中常用水生植物；也可提取芳香油，有香气，可防疫驱邪，端午节有把菖蒲叶和艾捆一起插于檐下的习俗；根茎可制香味料。

四、浮萍科 Lemnaceae

浮萍 *Lemna minor* L.

浮萍属

浮水小草本。叶状体对称，绿色；倒卵形、椭圆形或近圆形，两面平滑，具不明显3脉。果实近陀螺状，有凸起胚乳和不规则凸脉；种子1。花期7～8月，果期9～10月。见于七一路校区人工湖等静水水域。广布全国各地。浮萍是良好的饵料，也可作稻田绿肥；以带根全草入药，具发汗透疹、清热利水功效。

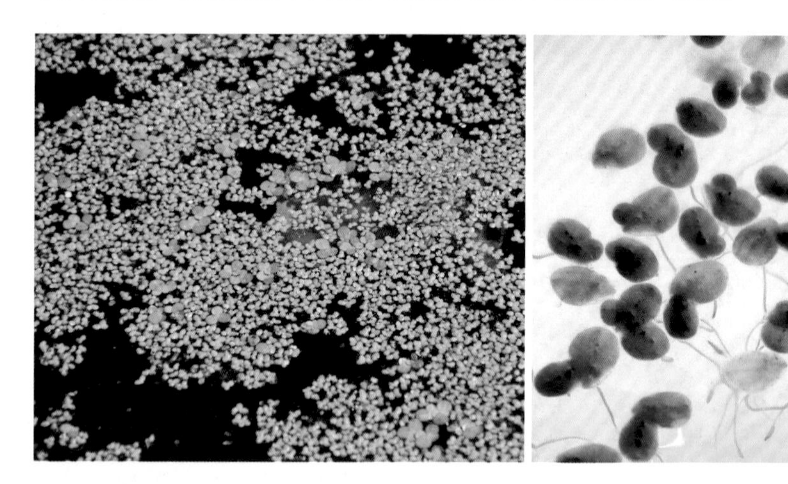

五、鸭跖草科 Commelinaceae

01 鸭跖草 *Commelina communis* L.

鸭跖草属

一年生披散草本。茎匍匐生根，多分枝。叶披针形至卵状披针形，白色，有绿脉。总苞片佛焰苞状，宽心形，与叶对生，花序略伸出佛焰苞，萼片膜质，内面2枚常靠近或合生；聚伞花序；花瓣深蓝色，有长爪，两侧花瓣大，近圆形。蒴果椭圆形，2室，2瓣裂；种子4，棕黄色。花果期6～9月。见于校园绿地阴湿处。分布于我国云南、四川、甘肃以东的南北各地。全草可入药，为消肿利尿、清热解毒之良药。

02 竹节菜 *Commelina diffusa* N. L. Burm.

鸭跖草属

一年生披散草本。茎匍匐，节上生根。叶披针形或在分枝下部为长圆形。蝎尾状聚伞花序常单生于分枝上部叶腋，有时呈假顶生，每个分枝一般仅有一个花序；花瓣蓝色。蒴果矩圆状三棱形，3室；种子黑色，卵状长圆形，具粗网状纹饰，在粗网纹中又有细网纹。花果期5～11月。见于校园花坛或绿化带等区域。分布于我国广东、广西、云南、台湾等地。竹节菜药用，能消热、散毒、利尿；花汁可作青碧色颜料，用于绘画。

六、莎草科 Cyperaceae

01 白颖薹草 *Carex duriuscula* C. A. Mey. subsp. *rigescens* (Franch.) S. Y. Liang et Y. C. Tang

薹草属

多年生草本。根茎细长、匍匐。秆纤细，基部叶鞘细裂成纤维状。叶短于秆。苞片鳞片状；穗状花序卵形或球形；小穗3～6，卵形，密生，雄雌顺序，具少数花；雌花鳞片宽卵形或椭圆形，锈褐色，边缘及顶端具宽白色膜质，顶端具短尖。果囊平凸状，革质，锈色或黄褐色；小坚果包于果囊中，近圆形。花果期 4～6 月。见于校园花坛或绿化带内。分布于我国辽宁、吉林、内蒙古、河北、山西、河南、山东、陕西、甘肃、宁夏、青海等地。白颖薹草用作公园、风景区、庭园观赏草坪或适当践踏的休息草坪，是高速公路、铁路两旁等地优良的地被植物。

02 褐穗莎草 *Cyperus fuscus* L.

莎草属

一年生草本，有须根。秆直立，丛生，三棱形。叶基生；叶鞘紫红色。苞片叶状，长于花序；长侧枝聚伞花序有 3～5 长短不等的第一次辐射枝；小穗数个密集成头状，线状披针形；小穗轴有棱；鳞片覆瓦状排列于小穗轴两侧，膜质，中间黄绿色，两侧深紫褐色或褐色，背面有 3 条不明显脉。小坚果椭圆形，有 3 棱，淡黄色。花果期 7～10 月。见于校园绿地或池塘边等区域。分布于我国黑龙江、辽宁、河北、山西、陕西、甘肃、内蒙古、新疆等地。褐穗莎草可供观赏。

03 香附子 *Cyperus rotundus* L.

莎草属

多年生草本。匍匐根茎长，具椭圆形块茎。秆锐三棱形，基部块茎状。叶较多，短于秆；鞘棕色，常裂成纤维状。叶状苞片 2～3；穗状花序轮廓为陀螺形，具 3～10 小穗。小坚果长圆状倒卵形或三棱形，具细点。花果期

5～11 月。见于校园草丛中或水边潮湿处。分布于我国陕西、甘肃、山西、河南、河北等地。干燥根茎可入药。

04 水葱 *Scirpus validus* Vahl

藨草属

多年生草本。匍匐根茎粗壮，须根多。秆高大，圆柱状，基部具3～4 叶鞘，最上面一个叶鞘具叶片。叶片线形。苞片 1，为秆的延长；长侧枝聚伞花序假侧生，具辐射枝，一面凸，一面凹，边缘有锯齿；小穗卵形或长圆形，具多数花；鳞片顶端稍凹，具短尖，膜质，背面有铁锈色凸起小点，脉 1，边缘具缘毛；下位刚毛 6，红棕色，有倒刺。小坚果倒卵形或椭圆形，双凸状。花果期 6～9 月。见于七一校区人工湖边。分布于我国东北、华北、西南等地区。秆可编席。

05 荆三棱 *Scirpus yagara* Ohwi

藨草属

多年生草本。匍匐根茎长而粗壮，顶生球状块茎。秆高大粗壮，锐三棱形。叶扁平，线形，叶鞘很长。长侧枝聚伞花序简单，有 3～8 辐射枝；每辐射枝有 1～3 小穗；小穗卵形或长圆形，锈褐色，有多数花；鳞片背面有 1 条中肋，顶端有芒；下位刚毛 6，有倒刺。小坚果倒卵形，有三棱，黄白色。花果期 5～7 月。见于校园绿化带湿润地或人工湖畔。分布于我国河北、江苏、浙江、贵

州、台湾等地。球状块茎供食用和药用；茎秆可作饲料。

七、禾本科 Poaceae

01 淡竹 *Phyllostachys glauca* McClure

刚竹属

常绿木本植物。幼竿密被白粉，无毛，老竿灰黄绿色；竿环与箨环均稍隆起。箨鞘无毛，无箨耳及鞘口繸毛；箨舌暗紫褐色，边缘有波状裂齿及细短纤毛；箨片线状披针形或带状。叶耳及鞘口繸毛均存在但早落；叶舌紫褐色；叶片背面沿中脉两侧稍被柔毛。花枝呈穗状，鳞片状苞片；佛焰苞无毛或一侧疏生柔毛，每苞内有 2～4 假小穗；小穗狭披针形；小穗轴最后延伸成刺芒状，节间密生短柔毛。笋期 4 月中旬至 5 月底，花期 6 月。见于校园栽培。分布于我国黄河流域至长江流域各地。笋味淡，可食用；竹材篾性好，可编织各种竹器，也可整材使用，用作农具柄、搭棚架等。

02 虎尾草 *Chloris virgata* Swartz

虎尾草属

一年生草本。秆丛生，基部常膝曲。叶鞘背部具脊，包卷松弛，无毛或具纤毛；叶舌具小纤毛；叶片线形，两面无毛或边缘及上面粗糙。穗状花序 4 ～10 簇生茎顶，指状排列；小穗排列于穗轴一侧，紧密覆瓦状；颖膜质，芒自外稃顶端下部伸出，脊上具纤毛。颖果纺锤形，淡黄色，光滑无毛而半透明。花果期 6～10 月。见于校园绿地或路边。全国各地均有分布。虎尾草是热带、亚热带地区重要的牧草和水土保持植物，有些地区用来建植非常耐低养护及耐旱草坪；全草药用，有祛风除湿、解毒功效。

03 狗牙根 ***Cynodon dactylon* (L.) Pers.**

狗牙根属

多年生草本，具根茎，秆匍匐地面。叶线形。穗状花序，3～6 指状排列簇生茎顶；小穗灰绿色或带紫色；颖具 1 中脉，形成背脊，两侧膜质；外稃草质，具 3 脉；内稃和外稃等长。花果期 5～8 月。见于校园路边或草地。广布于我国黄河以南各地。根蔓延力强，广铺地面，是优良的固堤保土植物，可作草皮栽培；狗牙根也是优良饲料；全草可入药。

04 马唐 ***Digitaria sanguinalis* (L.) Scop.**

马唐属

一年生草本。秆直立或下部倾斜，膝曲上升，无毛或节生柔毛。叶鞘多短于节间，疏生疣基软毛；叶舌膜质，黄棕色；叶片线状披针形，具柔毛或无毛。总状花序指状排列；小穗孪生；第一颖微小，钝三角形，薄膜质，第二颖长为小穗 1/2～3/4，边缘具纤毛；第一外稃与小穗等长，具明显的 5～7 脉。花果期 6～10 月。见于校园路旁或绿地。分布于全国各地。优良饲草；谷粒可制淀粉。

05 双稃草 *Diplachne fusca* (L.)Beauv.

双稃草属

多年生草本，丛生。秆直立或膝曲上升，无毛。叶鞘平滑无色，疏松包住节间，常自基部节处以上与秆分离；叶片常内卷，上面微粗糙，下面较平滑。圆锥花序，小穗灰绿色；颖具1脉，膜质；外稃具3脉，中脉从齿间延伸成长约1 mm短芒；花药乳脂色。颖果长约2 mm。花果期6～9月。见于校园路旁、池塘边。分布于我国福建、台湾、江苏、浙江、安徽、山东等地。双稃草可作牛饲料。

06 牛筋草（蟋蟀草）*Eleusine indica* (L.) Gaertn.

穇属

一年生草本，根系极发达。秆丛生，基部倾斜。叶鞘两侧压扁而具脊，松弛，无毛或疏生疣毛；叶舌长约 1 mm；叶片平展，线形，无毛或上面被疣基柔毛。穗状花序 2～7 个指状着生于秆顶，小穗含 3～6 小花；颖披针形；外稃膜质，脊上有狭翼。囊果卵形，具明显波状皱纹。花果期 6～10 月。见于校园绿地、荒地或路旁。分布于全国各地，是秋作物田、菜园、果园等地重要杂草；全株可作饲料，又为优良保土植物；全草煎水服，可防治乙型脑炎。

07 画眉草 *Eragrostis pilosa* (L.) Beauv.

画眉草属

一年生草本。秆丛生，基部节常膝曲。叶鞘疏松抱茎，鞘口常具长柔毛；叶舌退化为 1 圈纤毛；叶片线形，扁平或内卷，背面光滑，表面粗糙。圆锥花序开展，基部分枝近于轮生；小穗成熟后暗绿色或带紫色，含 3～14 小花；颖膜质；外稃侧脉不明显，内稃作弓形弯曲。颖果长圆形。花果期 6～9 月。见于校园绿地、路旁或荒地。分布于全国各地。优良饲料；药用有利尿通淋、清热活血功效。

08 牛鞭草 *Hemarthria altissima* (Poir.) Stapf et C. E. Hubb.

牛鞭草属

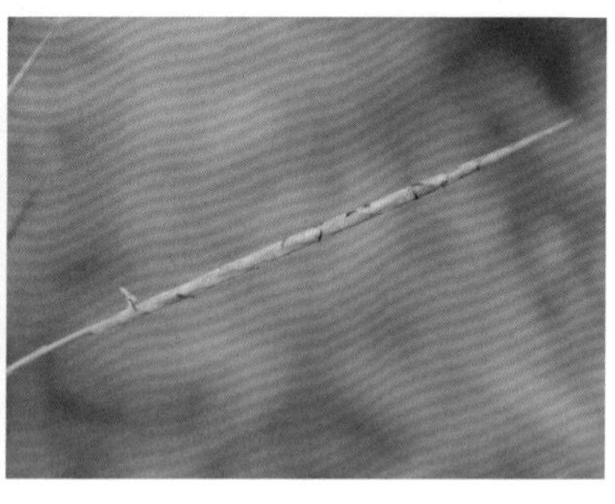

多年生草本，具长而横走的根茎。秆直立，一侧有槽。叶鞘边缘膜质，鞘口具纤毛；叶舌膜质，白色，上缘撕裂状；叶片线形，两面无毛。总状花序单生或簇生；小穗成对，一无柄，一有柄；小穗轴节间和小穗轴愈合而成凹穴；外稃透明膜质，无芒。花期 6～7 月，果期 8～9 月。见于校园路旁或花园湿地。分布于我国东北、华北、华东、华中地区。牛鞭草是牛、羊、兔的优质饲料。

09 白茅 *Imperata cylindrica* (L.) Beauv.

白茅属

多年生草本，秆直立，节无毛。叶鞘聚集于秆基，叶舌膜质，秆生叶片窄线形，常内卷，顶端渐尖呈刺状，下部渐窄，质硬，基部上面具柔毛。圆锥花序稠密，第一

外稃卵状披针形，第二外稃与其内稃近相等，卵圆形，顶端具齿裂及纤毛；花柱细长，紫黑色，羽状。颖果椭圆形。花果期4～6月。常见于校园绿地或路边。分布于我国辽宁、河北、山西、山东、陕西、新疆等北方地区，为常见农田杂草。根茎可食；根供药用；茎、叶可作饲料及造纸原料。

10 黑麦草 *Lolium perenne* L.

黑麦草属

多年生草本，具细弱根茎。秆丛生，质软，基部节上生根。叶片线形，柔软，具微毛，有时具叶耳。穗形穗状花序直立或稍弯；小穗轴节间平滑无毛；颖披针形，边缘狭膜质；外稃长圆形，草质，具5脉，平滑，基盘明显，顶端无芒，或上部小穗具短芒；内稃与外稃等长，两脊生短纤毛。颖果长约为宽的3倍。花果期5～7月。见于校园绿地或道路旁。黑麦草是我国各地普遍引种栽培的优良牧草。

11 臭草 *Melica scabrosa* Trin.

臭草属

多年生草本。秆丛生，基部膝曲，密生分蘖。叶鞘闭合；叶舌膜质透明，顶端撕裂而两侧下延。圆锥花序；小穗柄弯曲；小穗含2～4能育小花，顶部几个不育外稃集成小球形；颖膜质，具3～5脉；外稃具7脉，背部颗粒状粗糙。颖果褐色，纺锤形。花果期5～8月。见于校园花坛、绿化带或路旁。我国西北、华北、东北地区有分布。全草药用，有利水通淋、清热功效。

12 虉草 *Phalaris arundinacea* L.

虉草属

多年生草本，具根茎。茎秆通常单生或少数丛生。叶片灰绿色，叶鞘无毛，下部叶鞘长于节间；叶舌薄膜质。圆锥花序紧密窄狭，密生小穗；小穗含3小花，下方2枚退化为条形不孕外稃，顶生的两性；颖具脊，脊粗糙，上部具窄翅；能育花外稃软骨质，具5脉；内稃披针形；不育外稃2，退化成线形。花果期6～8月。见于校园池塘周围、路旁或校园绿地潮湿地带。分布于我国东北、华北、华中等地区。虉草早春幼嫩时为优良饲草。

13 草地早熟禾 *Poa pratensis* L.

早熟禾属

多年生草本，具发达匍匐根茎。叶鞘长于其节间；叶舌膜质；叶片线形，顶端渐尖，蘖生叶片较狭长。圆锥花序金字塔形或卵圆形；分枝开展，二次分枝，小枝上着

生3～6小穗；小穗卵圆形，绿色至草黄色，含3～4小花；颖卵圆状披针形，顶端尖；外稃膜质，顶端稍钝，具少许膜质，脊与边脉在中部以下密生柔毛，间脉明显，基盘具稠密长绵毛。颖果纺锤形，具3棱。花期5～6月，果期7～9月。常见于校园绿地。分布于我国东北、华北等地区。草地早熟禾营养价值高，是优良牧草和饲料；亦可作飞机场、运动场和公园的草皮植物。

14 纤毛鹅观草 *Roegneria ciliaris* (Trin.) Nevski

鹅观草属

多年生丛生草本。秆直立，基部节常膝曲，常被白粉。叶鞘无毛；叶片扁平，两面均无毛，边缘粗糙。穗状花序直立或稍下垂，小穗绿色；颖先端常具短尖头；外稃边缘具长而硬的纤毛，第一外稃顶端延伸成粗糙反曲的芒。花果期4～7月。见于校园路旁或花园潮湿草地。我国东北、华北、西北等地区广泛分布。秆叶柔嫩，幼时家畜喜吃。

15 狗尾草 *Setaria viridis* (L.) Beauv.

狗尾草属

一年生草本。根为须状，高大植株具支持根。秆直立或基部膝曲。叶鞘松弛，无毛或疏具柔毛或疣毛；叶舌极短；叶片扁平，长

三角状狭披针形或线状披针形。圆锥花序紧密呈圆柱状，小穗2～5簇生于主轴上；第二颖几与小穗等长，椭圆形；第一外稃与小穗等长，其内稃短小狭窄；第二外稃椭圆形，具细点状皱纹，边缘内卷；鳞被楔形，顶端微凹。颖果灰白色。花果期5～10月。见于校园绿化带、荒地或路旁。全国各地分布，为旱地作物常见杂草。秆、叶可作饲料，也可入药。

八、香蒲科 Typhaceae

水烛（狭叶香蒲）*Typha angustifolia* L.

香蒲属

多年生水生或沼生草本。根茎横生泥中，生多数须根。地上茎直立，粗壮。叶狭线形，深绿色，背部隆起。穗状花序圆柱形，雌雄花序不连接，两者间距离一般为0.5～12 cm；雄花序在上，雌花序在下，有时明显分成两段。小坚果长椭圆形，具褐色斑点，纵裂；种子深褐色。花果期6～9月。见于七一路校区人工湖。分布于我国河北、河南、湖北、四川、云南、陕西、甘肃、青海等地。花粉药用；叶供编织；蒲绒可作枕头、沙发等填充物。

九、美人蕉科 Cannaceae

美人蕉 *Canna indica* L.

美人蕉属

多年生草本，全株绿色无毛，被蜡质白粉，具块状根茎，地上枝丛生。单叶互生；具鞘状叶柄；叶片卵状长圆形。总状花序，花单生或对生；萼片3，绿白色，先端带红

色；花冠大多红色，外轮退化雄蕊 2～3，鲜红色；唇瓣披针形，弯曲。蒴果，长卵形，绿色。花果期 3～12 月。见于校园花坛等区域栽培。全国各地栽培。观赏花卉；根茎清热利湿，舒筋活络；茎叶纤维可制人造棉、织麻袋、搓绳；叶提取芳香油后的残渣还可作造纸原料。

十、百合科 Liliaceae

01 萱草 *Hemerocallis fulva* (L.) L.

萱草属

多年生草本。地下具根茎和肉质肥大的纺锤状块根。叶基生，条状披针形，排成两列。花葶粗壮；螺旋状聚伞花序，花 2～6；花冠漏斗形，金黄色。蒴果。花果期 5～7 月。见于校园花坛或绿化带。原产北美洲，我国华北、华东、东北等地区园林绿地广泛种植。叶色鲜绿，花色金黄，花期长，群体观赏效果佳，主要用作地被植物，也可布置花坛和花境。

02 紫玉簪 *Hosta albo-marginata* (Hook.) Ohwi

玉簪属

多年生草本。叶片狭椭圆形或卵状椭圆形，先端渐尖或急尖，基部钝圆或近楔形。花葶高可达 60 cm，数朵花；苞片近宽披针形，膜质；花单生，盛开时从花被管向上

逐渐扩大，紫色。花期8～9月，果期10～11月。见于校园花坛或林下绿地。原产日本，我国多地有栽培。紫玉簪可供观赏；入药内用治胃痛、跌打损伤，外用治虫蛇咬伤和痈肿疔疮。

03 玉簪 *Hosta plantaginea* (Lam.) Aschers.

玉簪属

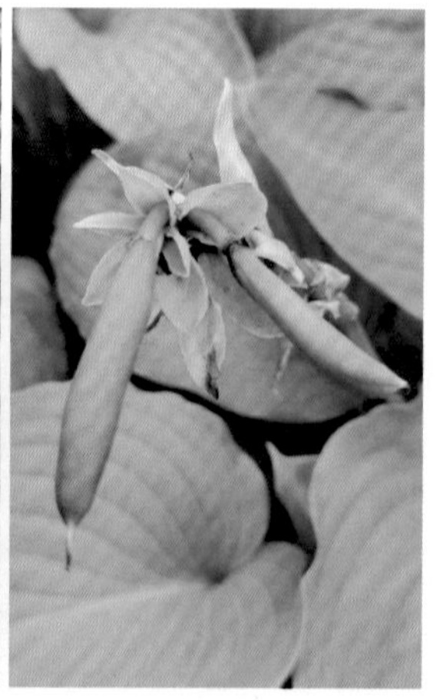

多年生宿根草本花卉，根茎粗厚。叶卵状心形、卵形或卵圆形，先端近渐尖，基部心形，具6～10对侧脉。花的外苞片卵形或披针形；内苞片很小；花单生或2～3簇生，白色，芬香；雄蕊与花被近等长或略短，基部15～20 mm贴生于花被管上。蒴果圆柱状，有3棱。花果期8～10月。见于校园花坛或林下绿地栽培。全国各地常见栽培，公园尤多。玉簪可供观赏；亦可供蔬食或作甜菜，但须去掉雄蕊；全草供药用，花清咽、利尿、通经，根、叶有小毒，外用可治乳腺炎、中耳炎、疮痈肿毒、溃疡等。

04 麦冬 *Ophiopogon japonicus* (Linn. f.) Ker-Gawl.

沿阶草属

多年生常绿草本。根较粗，中间或近末端常膨大成椭圆形或纺锤形的小块根。地

下走茎细长，节上具膜质鞘。茎短，叶基生成丛，禾叶状。花单生或成对着生于苞片腋内；苞片披针形，先端渐尖；花被片常稍下垂而不展开，披针形，白色或淡紫色；花柱较粗，基部宽阔，向上渐狭。种子球形。花期5～8月，果期8～9月。见于校园路旁阴湿处或林下绿地。原产中国，日本、越南、印度也有分布。广布全国，各地多有栽培。麦冬的小块根是中药，有生津解渴、润肺止咳之效。

十一、鸢尾科 Iridaceae

01 马蔺 *Iris lactea* **Pall. var.** *chinensis* **(Fisch.) Koidz.**

鸢尾属

多年生密丛草本。根茎短而粗壮。植株基部具稠密红褐色纤维状宿存叶鞘。基生叶多数，宽线形。花葶多数丛生，花蓝紫色或淡蓝色，花被上有较深色条纹。蒴果长椭圆形至圆柱形，先端具尖喙；种子近球形，棕褐色。花期5～6月，果期6～9月。常见于校园绿化带或路旁。分布于全国各地。马蔺可用于水土保持和改良盐碱土；叶可代麻及造纸用；根、花和种子入药，根能清热解毒，花能清热凉血、利尿消肿，种子能凉血止血、清热利湿；种子还可榨油，供制肥皂用。

02 鸢尾 *Iris tectorum* Maxim.

鸢尾属

多年生草本。根茎浅黄色。叶质薄，浅绿色，剑形。花葶与叶几等长，单一或2分枝，每枝具1～3花；苞片革质；花蓝紫色；花被管纤细，外轮花被片具深色网纹，中部有1行鸡冠状凸起及白色须毛；花柱分枝3，花瓣状，蓝色，顶端2裂。蒴果具6棱，表面有网纹；种子深棕褐色，具假种皮。花期4～6月，果期6～8月。见于校园花坛或绿地。原产我国中部以及日本，主要分布于我国中南部。花卉植物；根茎可药用，有活血祛瘀、祛风利湿、消积通便之功效。

十二、龙舌兰科 Agavaceae

剑麻 *Agave sisalana* Perr. ex Engelm.

龙舌兰属

多年生植物。茎粗短。叶呈莲座式排列，叶刚直，肉质，剑形，初被白霜，后渐脱落而呈深蓝绿色，叶缘无刺或偶尔具刺，刺红褐色。圆锥花序，花黄绿色，有浓烈气味；花被裂片卵状披针形；雄蕊6，着生于花被裂片基部；子房下位，3室，胚珠多数，花柱线形，柱头3裂。蒴果。花果期6～9月。见于校园花园内。在我国华南及西南等地区均有分布。剑麻纤维质地坚韧，耐磨、耐盐碱、耐腐蚀，广泛用于运输、渔业、石油、冶金等各行业，具有重要经济价值；植株含甾体皂苷元，是制药工业的重要原料。

参考文献

贺士元. 1986. 河北植物志（第一卷）. 石家庄：河北科学技术出版社.

贺士元. 1989. 河北植物志（第二卷）. 石家庄：河北科学技术出版社.

贺士元. 1991. 河北植物志（第三卷）. 石家庄：河北科学技术出版社.

贺学礼. 2010. 植物学. 2 版. 北京：高等教育出版社.

贺学礼. 2016. 植物学. 2 版. 北京：科学出版社.

贺学礼，唐宏亮，赵金莉，等. 2018. 白洋淀高等植物彩色图鉴. 北京：科学出版社.

周程艳，侯文浩，陈越，等. 2017. 河北大学校园具有临床应用价值药用植物调查研究. 高等教育在线，6:153–186.

中国植物志编辑委员会. 1959–2003. 中国植物志（共 80 卷）. 北京：科学出版社.

Flora of China 编委会. 1989–2013. Flora of China. 北京：科学出版社；Saint Louis：密苏里植物园出版社.

中文名索引

A

B

C

D

E

F

G

H

J

K

L

M

N

O

P

Q

R

S

T

W

X

Y

Z

拉丁名索引

A

B

C

D

E

F

G

H

I

J

K

L

M

N

O

P

Q

R